宝玉石鉴定与评价实习指导书

（第2版）

主编　马婷婷　　副主编　周征宇

·上海·

内 容 简 介

本书第1版内容涵盖宝玉石鉴定的最基本知识，包括结晶学基础、光学基础、常规宝石鉴定仪器以及常见宝玉石的鉴定特征等内容。第2版中除增加了49种宝石，涵盖了国家宝玉石鉴定标准中罗列的绝大多数宝玉石品种外，还增加了合成和优化处理宝石的最新研究成果，以及在仪器和测试方法上增加了宝石的红外光谱、紫外可见光谱和拉曼光谱特征。为了适应线上线下混合式教学的需要，本书将部分实验内容放到了网上教学平台，便于及时更新以及学生自学。

本书可作为高等院校宝石学相关专业教材使用，也可作为各类珠宝培训用书。

图书在版编目(CIP)数据

宝玉石鉴定与评价实习指导书 / 马婷婷主编. —2版. —上海：同济大学出版社，2023.7

ISBN 978-7-5765-0870-3

Ⅰ. ①宝… Ⅱ. ①马… Ⅲ. ①宝石—鉴定—高等学校—教材②玉石—鉴定—高等学校—教材 Ⅳ. ①TS933

中国国家版本馆CIP数据核字(2023)第132017号

宝玉石鉴定与评价实习指导书(第2版)

主编 马婷婷　　**副主编** 周征宇

责任编辑 任学敏　　**责任校对** 徐春莲　　**封面设计** 陈益平

出版发行 同济大学出版社　　www.tongjipress.com.cn

(地址：上海市四平路1239号　邮编：200092　电话：021-65985622)

经　销 全国各地新华书店

排　版 南京文脉图文设计制作有限公司

印　刷 大丰科星印刷有限责任公司

开　本 787 mm×1092 mm　1/16

印　张 11.5

字　数 287 000

版　次 2023年7月第2版

印　次 2023年7月第1次印刷

书　号 ISBN 978-7-5765-0870-3

定　价 42.00元

前　言

本书第1版于2013年出版，至今已过去了十年，在这十年中，珠宝市场发生了很大的变化，宝石的新品种、新产地、新检测方法和手段不断涌现，珠宝市场展现出勃勃生机。

同时，宝石学人才培养在近十年也有了长足的进展。为适应珠宝市场人才发展的需要，宝石学课程的教学方式、方法也在不断创新，一方面增加了实践环节在教学中的比重；另一方面，为适应社会的发展，也逐渐加大了网络教学资源的建设力度。本书配套课程"宝玉石鉴定与评价"也取得了一系列建设成果，入选2017年上海东西部高校课程共享联盟，2019年获评同济大学优质在线课程，2021年获评同济大学重点课程，2021年、2022年获评智慧树网站精品课程，2022年入选国家智慧教育高教平台等。本书配套的网课已完成建设并正常运行，配套的虚拟仿真实验项目也正在建设中，未来将以线上线下混合式教学的方式，满足各个层次的教学需求。

为了更好地适应珠宝市场的发展，满足新的人才培养模式的需要，编者总结了近十年来宝石学学科的研究成果，并结合十年来课堂教学积累的经验，对本书进行了修订。

(1) 在内容上与时俱进。增加了49种宝石，其中包括常见的钻石仿制品，使得钻石鉴定部分的内容更加完整，鉴于此，本书也可以作为钻石鉴定与评价相关课程的参考书；本书第1版对宝石的合成和优化处理有所涉及，但内容有限，再版时增加了这方面的最新研究成果。

(2) 在仪器和测试方法上与时俱进。原来被认为是实验室大型仪器而在常规检测中很少使用的红外光谱仪、紫外可见光谱仪和拉曼光谱仪等测试仪器，现在几乎已经成为宝石检测实验室的常备仪器而被广泛应用到日常检测中。鉴于此，本书增加了宝石的红外特征光谱、紫外可见特征光谱和拉曼特征光谱以适应检测技术的发展。

(3) 为了适应网络教学的需要，本书只保留了必要的素描图，而将彩图部分放到了网上教学平台并在书的末尾给出了相关链接，未来虚拟实验建设完成后也将在网上教学平台发布，学生可以以各种方式进行线上线下混合式学习。

限于作者时间和水平，书中不当之处在所难免，恳请专家和读者批评指正。

编者

2023年2月

第 1 版前言

在借鉴国外宝石学教育经验的基础上，国内宝石学教育形成了一套完整的教学体系，同时还出版了一系列高质量的教材。同济大学编写的《宝玉石鉴定与评价》以及本实习指导书分别入选了国家“十一五”和“十二五”规划教材。

鉴定和评价是所有宝石学课程的基础。只有在掌握了宝玉石的鉴定和评价技能后，学生才能更好地进行后续的学习(如珠宝的设计和营销等)。目前国内从事宝石学教育的高校和培训机构有几十家，几乎都开设了和宝玉石鉴定与评价有关的课程。作为《宝玉石鉴定与评价》的配套教材，本实习指导书适用于所有宝石学专业的学生，包括专科生、本科生和参加各类珠宝培训的学员。

由于珠宝评估另有一套教学体系，本实习指导书仅包括宝玉石的鉴定部分。本书内容涵盖了宝玉石鉴定的最基本知识，包括结晶学基础、光学基础、常规宝石鉴定仪器以及常见宝玉石的鉴定特征等内容。由于宝石鉴定涉及的知识点比较分散，为了能让学生一目了然地了解知识脉络，本书借鉴了英国宝石协会《宝石观察指南》的编排方法，采用表格的形式列出各个宝石实验项目的要点以及宝玉石的鉴定特征，这样既便于学生掌握，又有利于教师备课。

本实习指导书为宝石学系列教材的组成部分，由于另有教材专门介绍宝玉石的合成和处理，本书对此类宝石的鉴定仅稍作涉及，不再详细分析。另外，由于《珠宝玉石　鉴定》(GB/T 16553—2010)对宝玉石的产地鉴定未作要求，为严谨起见，本实习指导书也不涉及相关的知识。

本书所引用的常见宝玉石鉴定参数均来自《系统宝石学》，常见的原石晶体素描图谱和宝石吸收光谱图均引自《宝石学证书教程》。

编者

2012 年 12 月

目　录

第 1 章

宝石鉴定的结晶学基础

1 实习目的和要求

（1）加深对宝石结晶学理论的认识；

（2）能够正确描述并鉴定宝石原石，识别晶形、结晶习性、晶面特征，确定宝石所属晶系；

（3）能够识别晶面、抛光面、解理面和破裂面；

（4）能够识别单晶体、多晶体、非晶体和双晶。

2 知识准备

与结晶学有关的基本概念，包括晶体、非晶体、多晶体、双晶、解理和断口；七大晶系的晶轴关系、基本对称性、常见的晶形、结晶习性和代表宝石及其常见的晶面特征。

3 实习仪器

10倍放大镜，光源（台灯或者笔式手电筒）；铅笔、橡皮以及基本作图工具。

4 实习项目

实习项目1.1　识别单晶体、双晶、非晶体、多晶体和非理想形态的晶体

名称	肉眼和放大观察特征的描述	实习标本	仪器测试
单晶体	**单晶体**即单个的晶体，其内部的原子或离子在三维空间有规律地呈周期性重复排列，即具有格子构造；其外部在理想状态下晶形充分发育，呈现规则的几何形态。 晶体的观察特征： （1）理想状态下，单晶体具有规则的几何形态，有可供识别的晶面、晶形和结晶习性。 （2）可能观察到解理、蚀痕、晶面条纹等晶面特征	普通宝石	多色性，偏光效应和双折射可作为诊断性依据
双晶	**双晶**是两个或两个以上的同种晶体按一定的对称规律形成的规则连生晶体。多数双晶除了具备单晶体的特征外，还可能观察到双晶的如下特征： （1）相邻的两个个体相应的面棱并非平行，但它们可以借助对称操作（反演、旋转或者反伸）使两个个体彼此重合或者平行。 （2）接合面和缝合线：接合面指双晶中相邻单体彼此结合的实际界面；缝合线指双晶接合面在晶体表面或者断面上的迹线，多数是直线或者简单的折线，少数呈不规则的复杂曲线。 （3）双晶纹：一系列相互平行的接合面在晶面或者解理面上的痕迹所构成的直线条纹；有些双晶纹会呈现两组以不同角度交叉的纹理。	马合双晶钻石、日本律双晶水晶、聚片双晶长石、双晶红宝石、金绿宝石的三连晶、穿插双晶萤石	可显示单晶宝石的特征，但不能作为判断双晶的依据

（续表）

名称	肉眼和放大观察特征的描述	实习标本	仪器测试
双晶	(4) 凹角：单晶多为凸多面体，而多数双晶有内凹角。 双晶按个体连生方式分为接触双晶、聚片双晶、穿插双晶和轮式双晶。 (1) 接触双晶：由两个个体组成，彼此以简单的平面相接触，如尖晶石接触双晶、水晶膝状双晶、钻石的马合双晶； (2) 聚片双晶：由多个个体以同一双晶律连生组成，表现为一系列的接触双晶，接合面相互平行，常以薄板状产出，每个薄板与其直接相邻的薄板呈相反方向排列，而相间的薄板则有相同的结构取向，如钠长石的聚片双晶； (3) 穿插双晶（贯穿双晶）：由两个个体相互穿插组成，如萤石的立方体穿插双晶和长石卡氏双晶，穿插双晶的接合面往往不是一个连续的平面； (4) 轮式双晶：由两个以上的个体以同一种双晶律连生组成，表现为若干组接触双晶或贯穿双晶的组合，各接合面互不平行而依次呈等角度相交，双晶总体呈环状或辐射状，按其个体的个数可分别称为三连晶、四连晶等，如金绿宝石的三连晶		
非晶体	**非晶体**指内部质点在三维空间上呈非周期性排列的固体，不具有格子构造，没有规则的几何外形。 非晶体的观察特征： (1) 不具有规则的几何形态； (2) 观察不到晶体的特征，如解理，但是可能观察到断口	玻璃、塑料、欧泊、煤玉、琥珀	偏光镜下全暗或者异常消光；单折射；无多色性
多晶体	**多晶体**又称为晶质集合体，指由无数个结晶个体组成的块体。矿物的结晶程度、矿物颗粒的大小、矿物的形状以及它们之间的相互关系所表现出来的特征被称为结构。绝大多数玉石都是多晶体。 根据组成晶体颗粒的大小，多晶体又可以分为显晶质、微晶质、隐晶质。 (1) 显晶质：可直接用肉眼或借助普通10倍放大镜辨认出其中的单个矿物晶体颗粒的集合体。 (2) 微晶质：在光学显微镜下可以观察到其颗粒，可称其为显微显晶质（或微晶质）。 (3) 隐晶质：内部原子有序排列，但没有规则的几何外形。它们由无数的微晶组成，但这些微晶如此之小，用普通显微镜都无法观察到，也就是说它们是超显微的，这些矿物称为隐晶质，如玉髓。隐晶质的宝石在肉眼和常规放大下无法观察到结构。 多晶体的观察特征： (1) 不具有规则的几何外形； (2) 除了隐晶质以外的多晶体大多都可以观察到其结构，如粒状镶嵌或者纤维交织的结构，偶尔能显示晶体的特征，如翡翠的"翠性"	显晶质：如结构比较粗松的翡翠和石英岩等； 微晶质：部分软玉和结构比较细腻的翡翠等； 隐晶质：玉髓	偏光镜下全亮，少数全暗（如萤石、水钙铝榴石集合体）

（续表）

名称	肉眼和放大观察特征的描述	实习标本	仪器测试
非理想形态的晶体	**歪晶**指在非理想环境下生长的偏离本身理想晶型的晶体。 歪晶观察特征如下： (1) 同一单形的各晶面发育不等(即不能同形等大)； (2) 部分晶面可能缺失； (3) 晶面夹角遵循“面守恒定律”，即与理想晶体的晶面夹角相同。 **凸晶**指各晶面中心均相对凸起而呈曲面，晶棱弯曲而呈弧线的晶体。 **弯晶**指整体呈弯曲形态的晶体。当其一侧晶面向外凸出时，相反一侧的晶面就向内凹进	歪晶：水晶的歪晶 凸晶：金刚石的菱形十二面体凸晶 弯晶：白云石马鞍状弯晶	

注：结晶学中晶体的规则连生分为平行连生、双晶和浮生，考虑到宝石学的实际，本书中把这三者都统称为“双晶”。

实习项目 1.2　认识晶面、解理面、裂理面、破裂面和抛光面

名称	特征描述	实习标本
晶面	**晶面**指晶体生长过程中自然形成的、包围晶体表面的平面，是原子最紧密堆积的结构层。 晶面的识别特征： (1) 晶面有方向性，大多为平面。 (2) 晶面上往往可以观察到晶面特征： ① 晶面条纹：晶面上由一系列接合面构成的直线状条纹，也称生长条纹或聚形条纹，描述晶面条纹的方向通常以 c 轴为参照，如描述为平行于 c 轴或者垂直于 c 轴； ② 晶面蚀痕：晶体自然溶蚀后留下的痕迹，蚀痕可以揭示晶体的对称性	平行于 c 轴的晶面条纹：碧玺、托帕石 垂直于 c 轴的晶面条纹：水晶 蚀痕：钻石八面体面上的三角形蚀痕；绿柱石柱面上的长方形蚀痕、轴面上的六边形蚀痕；刚玉轴面上的三角形蚀痕
解理面	**解理**指晶体在外力作用下沿一定的结晶方向裂开并呈现不同程度的光滑平面的性质。解理面只出现在晶体中，解理或者解理面的观察特征如下： (1) 解理具有方向性，往往平行于晶面，表现为一组或者几组平行的裂隙； (2) 解理面上可见珍珠光泽、干涉色； (3) 解理面上可见阶梯状标志； (4) 初始解理指沿着解理方向出现的裂纹(未裂成解理面)。 根据解理的性质，其可以分为极完全、完全、中等和不完全解理。 (1) 极完全解理：晶体极易裂成薄片，解理面光滑平整。 (2) 完全解理：容易裂成平面或者小块，断口难出现，解理面为光滑、平整、闪光的平面，可有阶梯状的标志。 (3) 中等解理：可以裂成平面，断口较易出现，解理面较平整、不太连续、欠光滑。 (4) 不完全解理：不易裂成平面，出现许多断口，解理面不平整、不连续、带有油脂感	极完全解理：云母； 完全解理：钻石、萤石、方解石、托帕石、长石； 中等解理：金绿宝石； 不完全解理：磷灰石、锆石、橄榄石

(续表)

名称	特征描述	实习标本
裂理面	**裂理**指晶体在外力作用下沿一定结晶方向(如双晶结合面)产生破裂的性质,裂理面会显示如下特征: (1) 裂理面沿双晶面裂开; (2) 裂理面上通常可见包体出溶现象	具有裂理的红宝石
破裂面	**破裂面**指在外力作用下出现随机的无方向性的断面,也称为**断口**,可以出现在所有宝石、玉石中。破裂面往往不平整,可呈贝壳状、锯齿状。 (1) 贝壳状断口:破裂面呈具有同心圆纹的规则曲面,状似蚌壳的壳面; (2) 锯齿状断口:破裂面呈尖锐锯齿状的断口	贝壳状断口:水晶、玻璃; 锯齿状断口:玉石
抛光面	**抛光面**指抛光过的刻面或者曲面,有以下四种情况: (1) 光滑面:抛光面光滑无任何特征,见于抛光好的加工面。 (2) 抛光纹:由于抛光不当在加工面上留下的细密线状痕迹。抛光纹在同一刻面内相互平行,相邻刻面往往不连续(可借此区别生长纹)。 (3) 烧痕:由于抛光不当在钻石表面留下的糊状疤痕。 (4) 颤痕:由于抛光过快在宝石表面留下的阶梯状的丘状痕迹,常见于合成宝石表面	抛光纹:抛光不好的钻石或者其他宝石 烧痕:钻石 颤痕:合成刚玉

实习项目1.3 了解晶形和结晶习性

名称	特征描述	实习标本
晶体的对称要素	**对称面**是一个假想平面,它可把晶体平分为镜像相等的两个部分。 **对称轴**是通过晶体中心的一条假想直线,晶体围绕它旋转360°后会出现相同形状,这条线称为对称轴。对称轴包括2次轴、3次轴、4次轴和6次轴。 **对称中心**是晶体内部的一个假想点,通过该点的直线两端等距离的地方有晶体上相等部分存在	晶体石膏模型
晶形	**晶形**是由晶面围成的各种不同的几何形态,即晶体的外形或形态。晶体的理想形态是由几个平滑的晶面围成的几何形体,可分为单形和聚形两大类,单形又可以分为开形和闭形。 (1) **单形**:由对称要素联系起来的一组晶面的总和。换句话说,单形就是可以借对称型中全部对称要素的作用相互重复的一组晶面。单形中所有晶面同形等大。 ① **开形**:其晶面不能包围成一个封闭空间的单形,包括三方柱、四方柱、六方柱、斜方柱和平行双面(轴面); ② **闭形**:其晶面可以包围成一个封闭空间的单形,包括立方体、八面体、菱面体、菱形十二面体、四角三八面体、四方双锥、六方双锥和斜方双锥。 (2) **聚形**:由两个或两个以上单形组成的晶形。组成聚形的单形一定属于同一个对称型,或者简单地理解为属于同一个晶系	晶体石膏模型、宝石原石晶体

（续表）

名称	特征描述	实习标本
结晶习性	**结晶习性**指矿物晶体以自己内部结构发育呈现出某种晶体形态的特性。宝石学中常见的结晶习性包括：立方体习性、八面体习性、菱形十二面体、菱面体习性、柱状习性、板状习性、针状习性、双锥习性、桶状习性、葡萄状习性	立方体习性：萤石； 八面体习性：钻石； 菱形十二面体习性：石榴石； 菱面体习性：菱锰矿、方解石； 柱状习性：绿柱石、水晶、托帕石等； 板状习性：红宝石、符山石； 针状习性：发晶（金红石）； 双锥习性：蓝宝石； 桶状习性：蓝宝石； 葡萄状习性：葡萄石

实习项目 1.4　七大晶系的特征

名称	基本对称性	晶轴特征	常见晶形和结晶习性	横截面	实习标本
立方晶系	4 个 3 次轴	$a_1 = a_2 = a_3$ $\alpha = \beta = \gamma = 90°$	立方体、八面体、菱形十二面体、四角三八面体	—	钻石、石榴石、萤石、尖晶石、黄铁矿、方钠石
四方晶系	1 个 4 次轴	$a_1 = a_2 \neq c$ $\alpha = \beta = \gamma = 90°$	四方柱、四方双锥、轴面	正方形或者长方形	锆石、方柱石、符山石
三方晶系	1 个 3 次轴	a_1，a_2，a_3 在同一个平面内以 120°角相交，c 轴垂直于 a_1，a_2，a_3 组成的平面，$a_1 = a_2 = a_3 \neq c$	三方柱、三方双锥、轴面、菱面体	三角形或者六边形	刚玉、石英、碧玺、硅铍石、方解石、菱锰矿
六方晶系	1 个 6 次轴		六方柱、六方双锥、轴面	六边形	绿柱石、磷灰石
斜方晶系	3 个 2 次轴	$a \neq b \neq c$ $\alpha = \beta = \gamma = 90°$	斜方柱、斜方双锥、轴面	菱形	红柱石、金绿宝石、赛黄晶、堇青石、橄榄石、托帕石、坦桑石
单斜晶系	1 个 2 次轴	$a \neq b \neq c$ $\alpha = \gamma = 90°$，$\beta > 90°$	斜方柱、轴面	菱形	透辉石、正长石、锂辉石
三斜晶系	1 个对称中心	$a \neq b \neq c$ $\alpha \neq \beta \neq \gamma \neq 90°$	轴面	—	天河石、蔷薇辉石、绿松石

注：三方晶系和六方晶系可根据对称性和晶面之间的夹角来区别；c 轴通常是直立的轴，又称为主晶轴；α，β，γ 分别是晶轴之间的夹角；晶体的横截面指的是垂直于 c 轴的截面，这里的横截面的形状并非严格意义上的几何形状，关注点主要在角度大小而非边的长短。

实习项目1.5　晶体的描述

晶体	观察要点	图示描述
钻石	颜色、光泽、透明度，参见本书第4章常见宝玉石的鉴定； 晶形和结晶习性：晶体通常较小，八面体最常见，其他可见立方体、菱形十二面体和三角扁平双晶； 晶面特征：晶体常常有圆化的晶棱，八面体面上常见三角形蚀痕和生长纹，三角扁平双晶接合面上可见类似“青鱼骨刺”的两组生长纹和内凹角	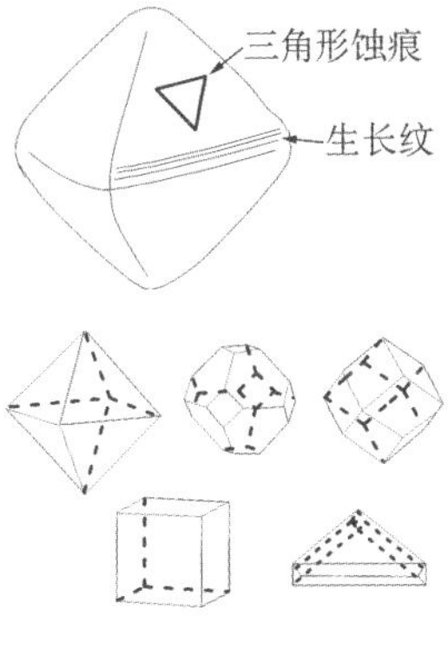 三角形蚀痕 生长纹
尖晶石	颜色、光泽、透明度，参见本书第4章常见宝玉石的鉴定； 晶形和结晶习性：晶体通常很小，常为八面体，偶见双晶，原石晶体往往和白色的大理岩共生； 晶面特征：晶面上可见三角形蚀痕和生长纹	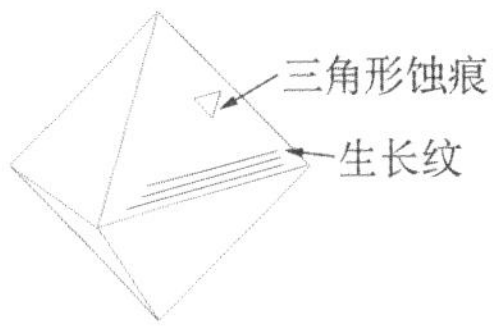 三角形蚀痕 生长纹
石榴石	颜色、光泽、透明度，参见本书第4章常见宝玉石的鉴定； 晶形和结晶习性：菱形十二面体、四角三八面体或者二者的聚形较为常见，某些绿色石榴石可呈现含有立方体的聚形，晶面和断口有时呈现阶梯状的生长标志； 石榴石可以以单个晶体产出，也可以和水晶、长石等共生； 掂重较重，晶体尺寸变化大，可以很轻，也可能重达数百克	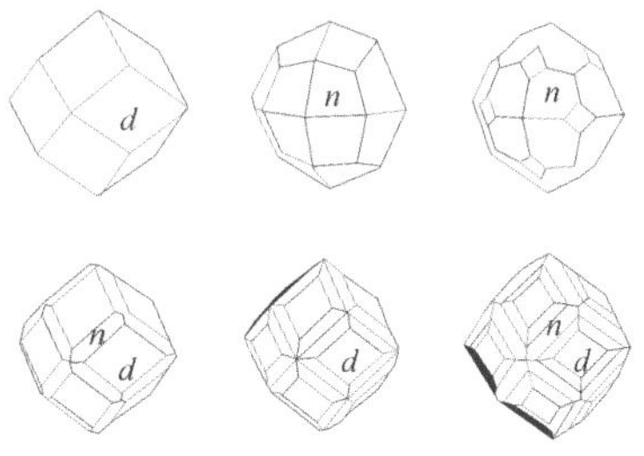 *d*：菱形十二面体；*n*：四角三八面体
萤石	颜色、光泽、透明度，参见本书第4章常见宝玉石的鉴定； 晶形和结晶习性：立方体、八面体和菱形十二面体最常见，可以呈单晶体、双晶或者晶簇产出； 晶面特征：萤石有四组完全的八面体解理，常常破裂为解理八面体； 掂重较重，晶体尺寸变化大，可以很轻，也可能重达数千克	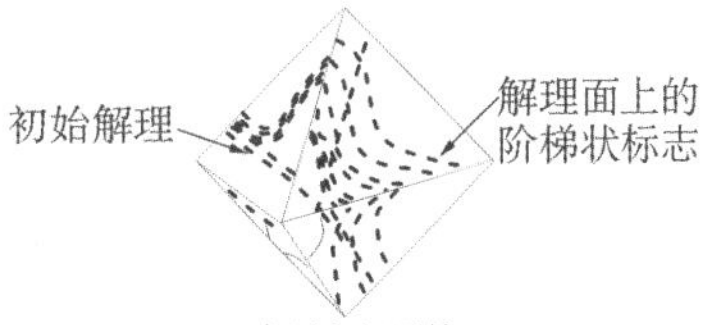 初始解理 解理面上的阶梯状标志 解理八面体
黄铁矿	金黄色，金属光泽，不透明； 晶形和结晶习性：立方体最常见，偶见五角十二面体，可以呈单晶体晶簇产出； 晶面特征：相邻晶面条纹互相垂直； 掂重较重，晶体尺寸变化大，可以很轻，也可能重达数千克	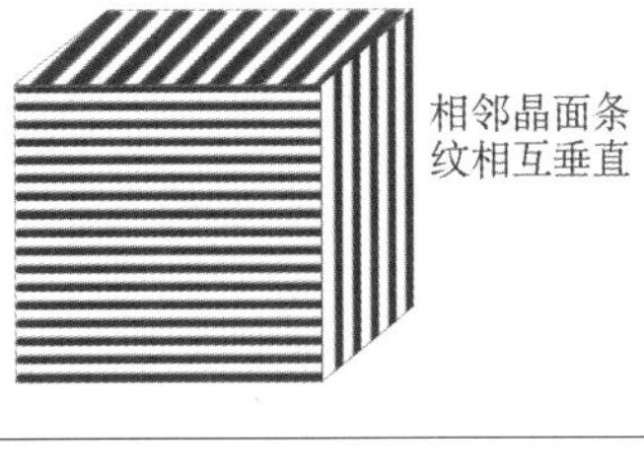 相邻晶面条纹相互垂直

（续表）

晶体	观察要点	图示描述
锆石	颜色、光泽、透明度，参见本书第 4 章常见宝玉石的鉴定； 晶形和结晶习性：四方柱＋四方双锥＋底轴面，膝状双晶较常见，横截面为长方形或者正方形，柱状或者短柱状习性； 晶面特征：晶棱可见磨损	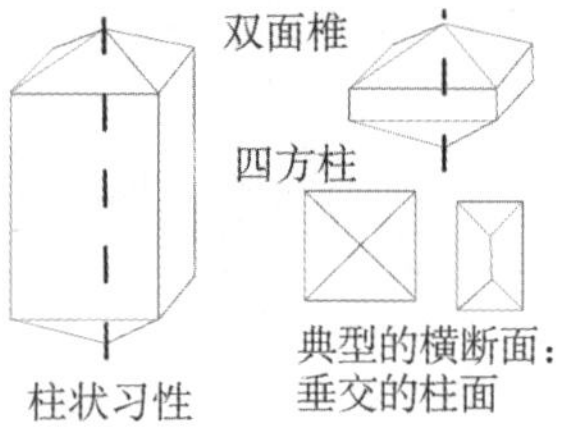 双面椎 四方柱 典型的横断面：垂交的柱面 柱状习性
方柱石	颜色、光泽、透明度，参见本书第 4 章常见宝玉石的鉴定； 晶形和结晶习性：四方柱＋四方双锥＋轴面，横截面为长方形或者正方形，柱状习性； 晶面特征：柱面常发育平行于 c 轴的晶面条纹	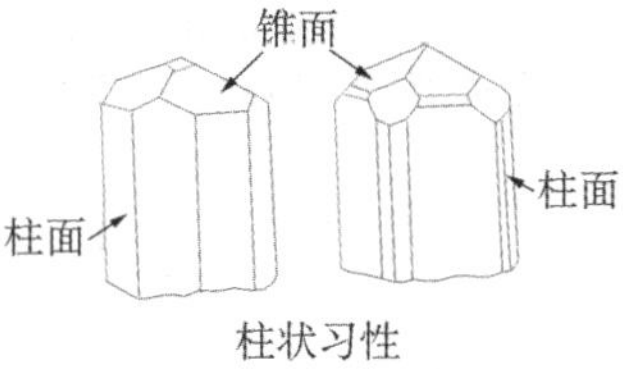 锥面 柱面 柱面 柱状习性
符山石	颜色、光泽、透明度，参见本书第 4 章常见宝玉石的鉴定； 晶形和结晶习性：四方柱＋四方双锥＋轴面，横截面为长方形或者正方形，柱状习性或者板状习性	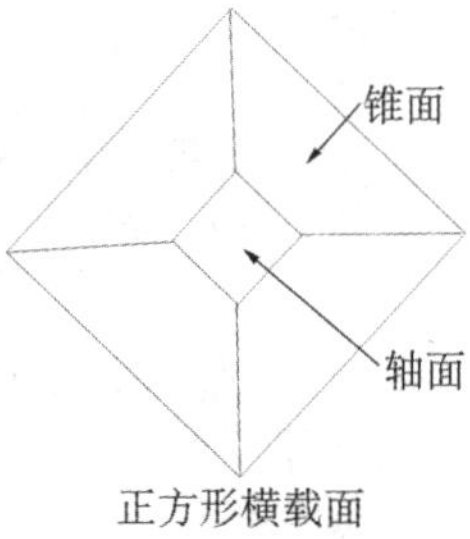 锥面 轴面 正方形横载面
绿柱石	颜色、光泽、透明度，参见本书第 4 章常见宝玉石的鉴定； 晶形和结晶习性：六方柱＋六方双锥＋轴面，两端往往终止于轴面，横截面为六边形，柱状习性； 晶面特征：柱面上可见长方形蚀痕，轴面上可见六边形蚀痕； 祖母绿通常晶体较小，其他品种绿柱石可能以较大重量产出，如海蓝宝石可以重达数千克	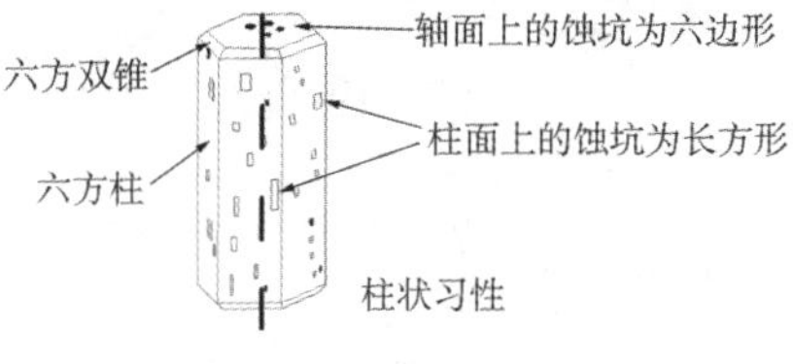 轴面上的蚀坑为六边形 六方双锥 柱面上的蚀坑为长方形 六方柱 柱状习性
磷灰石	颜色、光泽、透明度，参见本书第 4 章常见宝玉石的鉴定； 晶形和结晶习性：六方柱＋六方双锥＋轴面，两端终止于锥或者轴面，横截面为六边形，柱状习性； 晶面特征：晶面常见磨损	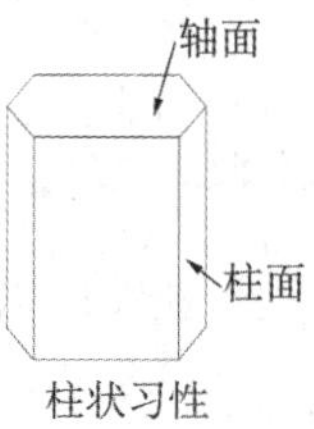 轴面 柱面 柱状习性
红宝石	颜色、光泽、透明度，参见本书第 4 章常见宝玉石的鉴定； 晶形和结晶习性：两端终止于轴面，柱状或者板状习性； 晶面特征：轴面上可见三角形蚀痕，柱面上可见双晶纹，可能发育裂理； 掂重较重，红宝石晶体通常较小，且裂隙发育，有时和白色大理岩共生，注意与尖晶石相区分	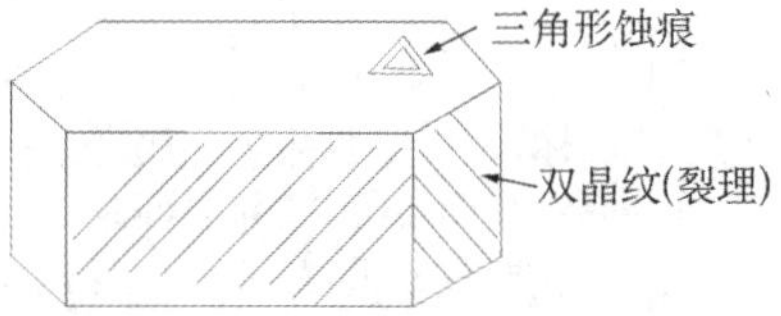 三角形蚀痕 双晶纹(裂理)

（续表）

晶体	观察要点	图示描述
蓝宝石	颜色、光泽、透明度，参见本书第4章常见宝玉石的鉴定； 晶形和结晶习性：两端终止于锥或者轴面，横截面常为六边形，双锥或者桶状习性； 晶面特征：轴面上发育三角座，锥面上可见垂直于 c 轴的晶面条纹； 可能观察到垂直于 c 轴的六边形的色带； 掂重较重，相比于红宝石，蓝宝石晶体重量较大	三角形蚀痕 双锥习性 生长纹 双锥面上的水平条纹 桶状习性
水晶	颜色、光泽、透明度，参见本书第4章常见宝玉石的鉴定； 晶形和结晶习性：单晶体、双晶和晶簇都很常见，两端发育菱面体（看上去像锥），晶体往往发育不均匀，一端大一端小，横截面常为六边形，柱状习性； 晶面特征：柱面上可见垂直于 c 轴的晶面条纹； 有色的水晶往往体色不均匀，中间颜色浅，随着向两端过渡，颜色越来越深； 水晶晶体重量变化大，重的可达数十、数百千克，江苏东海水晶广场上的一个并不完整的水晶晶体重达28.6吨	两个菱面体晶形(看上去像锥) 柱面上的水平条纹 柱状习性
碧玺	颜色、光泽、透明度，参见本书第4章常见宝玉石的鉴定； 晶形和结晶习性：一端终止于锥，另一端终止于破裂面（偶见双锥），横截面常为胀大的三角形，柱状习性； 晶面特征：柱面上可见平行于 c 轴的晶面条纹，垂直于 c 轴的波状裂隙； 颜色丰富，横截面和纵切面上常见色带； 晶体尺寸变化较大	c柱面 三角形柱体，沿纵向有深条纹 横断面：“胀大的三角形” 垂直于c轴的“波纹状”断口 凸起的晶面 常见“西瓜状”色带 破损的底部
方解石	颜色、光泽、透明度，参见本书第4章常见宝玉石的鉴定； 晶形和结晶习性：可以呈单晶、双晶或者晶簇产出； 晶面特征：无色透明的方解石称为冰洲石，呈菱面体产出，发育平行于菱面体面的三组完全解理，可见重影，柱状习性或者菱面体习性； 晶体尺寸变化较大	c 阶梯状晶面标志和解理缝 完全解理菱面体
菱锰矿	颜色、光泽、透明度，参见本书第4章常见宝玉石的鉴定； 晶形和结晶习性：集合体较常见，常见白色的脉纹，形成所谓的“熏肉状”构造，柱状习性或者菱面体习性； 晶面特征：透明晶体发育三组菱面体完全解理	初始解理 完全解理菱面体

（续表）

晶体	观察要点	图示描述
托帕石	颜色、光泽、透明度，参见本书第 4 章常见宝玉石的鉴定； 晶形和结晶习性：斜方柱＋斜方双锥＋轴面，一端往往终止于斜方柱面或者轴面，另一端往往终止于解理面，横截面为菱形，柱状习性； 晶面特征：柱面上可见平行于 c 轴的生长纹，发育平行于底轴面的完全解理； 晶体重量变化较大，重的可达数十千克	
金绿宝石	颜色、光泽、透明度，参见本书第 4 章常见宝玉石的鉴定； 晶形和结晶习性：斜方柱＋斜方双锥＋轴面，三连晶较常见，可见凹角和内凹的生长纹，晶体往往破损，单个晶体的横截面为菱形，板状习性	三连晶呈“假六方”习性
橄榄石	颜色、光泽、透明度，参见本书第 4 章常见宝玉石的鉴定； 晶形和结晶习性：晶体往往破损，横截面常为菱形，柱状习性； 晶面特征：晶体表面常见磨损，裂隙发育，完整晶形比较少见	 柱状习性
坦桑石	颜色、光泽、透明度，参见本书第 4 章常见宝玉石的鉴定； 晶形和结晶习性：斜方柱＋斜方双锥＋轴面，一端常终止于斜方柱面，另一端往往破损，横截面为菱形，晶体常破损，柱状习性； 晶面特征：柱面上发育平行于 c 轴的生长纹； 肉眼可观察到多色性	
锂辉石	颜色、光泽、透明度，参见本书第 4 章常见宝玉石的鉴定； 晶形和结晶习性：横截面为菱形，柱状习性； 晶面特征：晶面发育平行于 c 轴的生长纹，长方形的蚀痕； 晶体重量变化比较大，重的可达数十千克； 肉眼可观察到多色性	

注：本表中的晶体大小、重量仅指宝石级的晶体。

5 实习报告

实习报告记录(样本1)

<table>
<tr><td colspan="2">001号样品——用肉眼、10倍放大镜和手电筒观察与鉴定</td></tr>
<tr><td>特征描述：
无色，透明，玻璃光泽宝石晶体；
尺寸：1 cm×1 cm×1 cm；
柱状习性，两端终止于轴面，横截面为六边形；
晶体内部干净，表面可见黄色铁质薄膜；
掂重一般；
六方晶系</td><td>图示
轴面
柱面
六边形横截面</td></tr>
<tr><td colspan="2">可能的结论：透绿柱石、绿柱石</td></tr>
</table>

实习报告记录

<table>
<tr><td colspan="2">　　号样品——用肉眼、10倍放大镜和手电筒观察与鉴定</td></tr>
<tr><td>特征描述：</td><td>图示</td></tr>
<tr><td colspan="2">可能的结论：</td></tr>
</table>

第2章

宝石鉴定的光学基础

1 实习目的和要求

（1）加深对宝石光学基础理论的认识；
（2）能够识别并准确描述肉眼可观察到的光学特征。

2 知识准备

颜色的成因；多色性的概念和原理；变色效应的概念和原理；光泽的概念、类型及影响因素；特殊光学效应的成因；透明度的概念及影响因素。

3 实习仪器

10 倍放大镜，光源（台灯或者笔式手电筒），宝石色卡。

4 实习项目

实习项目 2.1 体色、伴色、色带、多色性和变色效应的观察

内容	特征描述	实习标本
体色	**体色**指宝石本身的颜色。描述时应尽量包括色调、明度和饱和度。体色直接用组成白光的光谱色或其混合色、白色、黑色及无色来描述，描述时主色在后，辅色在前，如：黄绿色，绿黄色，必要时在颜色前加上深浅及明暗程度的描述，如：浅黄绿色，暗绿色	单一颜色的宝石
伴色	**伴色**是相对于体色来说的，是由于宝石内部的成分或者结构对光的折射、反射等作用而产生的假色，是叠加在体色上的	具有晕彩的宝石，如珍珠、欧泊、月光石、拉长石
色带	**色带**是晶体内部颜色呈带状（或块状）不均匀分布的现象。原生色带是晶体生长过程中，由于介质成分及生长环境变化，导致的颜色深浅或色彩变化	有色带的蓝宝石、紫水晶、碧玺、祖母绿等
多色性	**多色性**指由于非均质体的有色宝石在不同结晶方向上对光波的选择性吸收有差异，而呈现不同颜色的现象，分为二色性和三色性。多色性根据强度可以分为强、中、弱、无。 二色性：一轴晶有色宝石，在两个主振动方向上，呈现两种不同颜色的现象。一轴晶宝石也可能没有明显的多色性。 三色性：二轴晶有色宝石，在不同主振动方向上，呈现三种不同颜色的现象。二轴晶宝石也可能只显示二色性或者没有明显多色性。 多数宝石的多色性需要借助二色镜才能观察到，多色性非常明显的宝石可以用肉眼观察： （1）显示多色性的一定是有色各向异性宝石； （2）显示三色性的一定是二轴晶宝石。 多色性指从不同方向上观察到的宝石体色差异，注意和体色不均匀相区分	二色性：碧玺、热处理后的坦桑石 三色性：变石、红柱石、坦桑石、堇青石

（续表）

内容	特征描述	实习标本
变色效应	**变色效应**指用稍有不同的白光源照射同一颗宝石时所观察到的体色差异。观察要点：需要在不同光源下观察，如白炽灯和钨丝灯。宝石通常在白炽灯下会显示不同程度的绿色或者蓝色调，在钨丝灯下会显示红色或者紫色调	变石、变色蓝宝石、变色石榴石、变色尖晶石、变色萤石、变色碧玺

实习项目 2.2　透明度的观察

内容	特征描述	实习标本
透明	能允许绝大部分光透过，透过宝石能清晰地观察到对面物体的轮廓和细节	大多数宝石级的单晶宝石，尤其是无色品种
亚透明	能允许大部分光透过，透过宝石虽能观察到对面物体的轮廓但无法看清细节	部分玉石品种，如玉髓、玻璃种翡翠等
半透明	能允许部分光透过，透过宝石只能观察到对面物体轮廓的阴影	部分玉石（如冰种翡翠）、月光石、蜜蜡等
微透明	宝石边棱处有少量光通过，但透过宝石无法观察到对面的物体	大部分玉石（如软玉、独山玉、岫玉）、黑曜岩、珍珠等
不透明	基本上不允许光通过，透过宝石无法观察到对面物体的轮廓	绿松石、青金岩、孔雀石等

实习项目 2.3　光泽的观察

内容	特征描述	实习标本
金属光泽	表面呈金属般光亮，一般不透明	黄金、白银、铂金、黄铁矿等
半金属光泽	表面呈弱金属光泽，一般不透明	赤铁矿等
金刚光泽	表面呈金刚石般光泽，透明到半透明	钻石
亚金刚光泽	表面呈稍弱的金刚光泽，透明到半透明	大多数钻石仿制品，如锆石、立方氧化锆、莫桑石等
玻璃光泽	表面呈玻璃般的光泽，透明到半透明，又可细分为明亮玻璃光泽、(一般)玻璃光泽和弱(暗淡)玻璃光泽	明亮的玻璃光泽(折射率：$RI>1.70$)，红宝石、蓝宝石、石榴石等； (一般)玻璃光泽(折射率：RI 为 1.50～1.70)：水晶、绿柱石、碧玺等； 弱(暗淡)的玻璃光泽(折射率：$RI<1.50$)：萤石、方解石等
油脂光泽	在一些颜色较浅、具有金刚或者玻璃光泽的宝石的不平坦断面上或者集合体颗粒表面上所观察到的光泽	软玉、石榴石的断口等
珍珠光泽	珍珠表面或者解理面发育的柔和多彩的光泽	珍珠、贝壳、完全的解理面
树脂光泽	类似于松香等树脂的光泽	琥珀、塑料

（续表）

内容	特征描述	实习标本
丝绢光泽	具有纤维状结构的宝石所见到的一种像蚕丝和丝织品的光泽	虎睛石、孔雀石
蜡状光泽	比油脂光泽暗淡的光泽	图章石，如寿山石
土状光泽	由于多孔的宝石矿物对光的反射而产生的暗淡土样光泽	风化岩石的表面

实习项目 2.4　特殊的光学效应

名称	特征描述	实习标本
猫眼效应	当某些宝石中含有一组定向排列的细长状（针状或者管状）包裹体时，沿一定方向切磨成弧面宝石后，因反射而在其表面出现的从一端到另一端的明亮光带。猫眼效应形成的条件： （1）包裹体是长而细的（针状、纤维状或者管状）； （2）包裹体在一个方向上平行排列； （3）包裹体的数量是足够丰富的； （4）宝石被切磨成顶部弯曲、底部平行于包裹体所在的方向	猫眼石、碧玺猫眼、祖母绿猫眼、绿柱石猫眼、辉石猫眼、磷灰石猫眼、长石猫眼、玻璃猫眼、欧泊猫眼、蓝晶石猫眼、坦桑石猫眼、托帕石猫眼、矽线石猫眼、石榴石猫眼、蓝宝石猫眼（罕见）、软玉猫眼、虎晶石、水晶猫眼
星光效应	当宝石中含有两组或者两组以上定向排列的针状包裹体时，沿一定方向切磨成弧面形后，因光的反射而在其表面出现的星状闪光效应。目前已在60种宝石中发现了星光效应，包括四射、六射、十二射、二十四射星光。星光效应形成的条件： （1）包裹体是长而细的针状、纤维状或管状的； （2）包裹体至少在两个不同方向上是平行排列的； （3）包裹体的数量是足够丰富的； （4）宝石被切磨成顶部弯曲、底部平行于包裹体所在的方向	常见的星光宝石：红宝石、蓝宝石、水晶、铁铝榴石、透辉石、月光石； 少见的星光宝石：海蓝宝石、绿柱石、方解石、金绿宝石、橄榄石、方柱石、蓝晶石、尖晶石、日光石、古铜辉石、顽火辉石、紫苏辉石、白钨矿； 极罕见的星光宝石：变石、天河石、磷灰石、堇青石、祖母绿、紫锂辉石、拉长石、欧泊、钻石、葡萄石、菱锰矿、蔷薇辉石、金红石、柱晶石、锰铝榴石、坦桑石、托帕石、碧玺、锆石； 极罕见的具有星光效应的其他晶体：硅钙铀钍矿、氟碳钙铈矿、桃针钠石、铍镁晶石、硅线石
乳光效应	当宝石中含有不均匀的微小颗粒（一般粒径大于700 nm）时，由于光的散射（白色米氏散射）作用而在宝石表面产生的明亮乳光	月光石、芙蓉石、蛋白石、刚玉、尖晶石
月光效应	在某些长石宝石中，随着宝石的转动，在某一角度可以观察到宝石表面浮现的光，白色或蓝色看似朦胧的月光。 （1）蓝月光石：宝石中的散射颗粒大小在1～300 nm； （2）白月光石：宝石中的散射颗粒大于700 nm	蓝月光石、白月光石、灰月光石

（续表）

名称	特征描述	实习标本
砂金效应	当宝石中含有大量金属颗粒或者片状包裹体时，由于光的反射而出现的金属闪光和体色现象。观察点如下： (1) 宝石本身通常是无色的，所显示出的颜色是包裹体的颜色； (2) 放大观察，可见包裹体的颗粒	砂金石英（东陵玉）、日光石、砂金玻璃、血点堇青石、具有砂金效应的绿柱石（海蓝宝石）
变彩效应	珠宝玉石的某些特殊结构在光的干涉或衍射作用下产生的颜色随光源或观察方向的变化而变化的现象	欧泊、拉长石
晕彩效应	珠宝玉石的某些特殊结构在光的干涉、衍射等作用下，其内部或表面产生光谱色的现象	珍珠、彩斑菊石、贝壳、火玛瑙、具有完全解理面的宝石（如托帕石、方解石）
火彩效应	由于色散作用在刻面宝石表面所产生的彩色闪光。 (1) 火彩的强弱由宝石的色散值决定，色散值越高，宝石的火彩越明显； (2) 体色会掩盖火彩的颜色，无色或者浅色的宝石更易于观察到火彩	高色散值的宝石：锰铝榴石(0.027)、人造钇铝榴石(0.028)、锆石(0.039)、钻石(0.044)、榍石(0.051)、翠榴石(0.057)、CZ(0.060)、钛酸锶(0.19)、合成金红石(0.33)

5 实习报告

实习报告记录（样本2）

<table>
<tr><td colspan="2">标本编号：002</td></tr>
<tr><td>描述实习标本的颜色、光泽、透明度以及特殊的光学效应
颜色：红色
透明度：半透明
光泽：玻璃光泽
琢型：椭圆弧面形宝石
尺寸：6.1 mm×5.8 mm×3.0 mm
重量：1.34 ct
内外部特征：点光源照射下可见宝石表面出现从一端到另一端明亮的光带——猫眼效应；垂直于眼线方向可见密集定向排列的管状包裹体，横截面可见“蜂窝状”的结构</td><td>图示
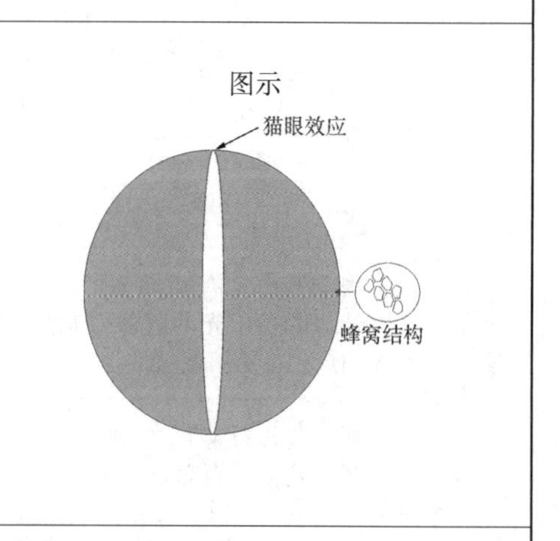
</td></tr>
<tr><td colspan="2">可能的结论：玻璃猫眼</td></tr>
</table>

实习报告记录

<table>
<tr><td colspan="2">标本编号：</td></tr>
<tr><td>描述标本的颜色、光泽、透明度以及特殊的光学效应</td><td>图示</td></tr>
<tr><td colspan="2">可能的结论：</td></tr>
</table>

第 3 章

常规宝石鉴定仪器

3.1　镊子和10倍放大镜

1 实习目的和要求

(1) 了解10倍放大镜的原理和结构；
(2) 熟练掌握10倍放大镜的使用方法；
(3) 学会用10倍放大镜观察宝石内外部特征；
(4) 学会准确描述并图示10倍放大镜下的宝石特征并解释；
(5) 了解不同型号镊子的特点及其应用。

2 知识准备

透镜放大原理；明视距离；宝石常见的内、外部特征。

3 实习仪器

10倍放大镜，笔式手电筒，台灯，镊子，擦拭宝石的清洁布。

4 实习内容

(1) 观察10倍放大镜的结构，了解10倍放大镜的保养及维护；
(2) 练习10倍放大镜的使用方法；
(3) 练习用10倍放大镜配合镊子和光源对宝石进行有效观察；
(4) 图示并描述10倍放大镜下观察到的宝石内、外部特征；
(5) 对在10倍放大镜下观察到的特征进行结果解释。

5 实习指南

(1) 10倍放大镜的观察步骤。

① 用清洁布擦拭宝石表面，去除表面的灰尘和油脂；

② 大的宝石用手拿住，小的宝石用镊子夹住；

③ 保持眼睛、放大镜和宝石之间的固定距离(间距约为1 cm)并在观察的过程中保持稳定，10倍放大镜的使用姿势没有硬性的规定，个人可以选择最适合自己的姿势，基本原则就是能够长时间有效观察而不感到疲劳；

④ 光源的位置因宝石和观察点不同而不同，原则是能清晰有效地观察，同时避免光线

直接进入眼中,如果使用台灯照明,最好选择有灯罩的;

⑤ 转动宝石,从不同角度观察宝石的内、外部特征;

⑥ 在实验报告上记录并图示观察到的内、外部特征;

⑦ 根据观察结果给出初步的结论或者为进一步测试指明方向。

(2) 观察的细节和技巧。

① 观察时最好学会两只眼睛都睁开,避免因长时间使用一只眼睛观察而产生疲劳感;

② 可以试着在不同亮度的背景下观察宝石,一般暗色背景更有利于观察细微的特征;

③ 观察小宝石时,为了在观察过程中保持稳定,可以将 10 倍放大镜套在右手食指上,左手拿镊子夹好宝石,将镊子放置在右手中指和无名指之间,两只手轻轻靠在一起,并使 10 倍放大镜贴近眼睛至右手轻轻靠在脸上,观察过程中一直保持这个姿势;

④ 观察大的宝石,如放大观察软玉籽料的皮色特征时,可尝试一只手拿宝石,另一只手同时夹住 10 倍放大镜和笔式手电筒进行观察。

表 3.1 不同类型的镊子及其适用范围

镊子类型	说明	适用范围
有螺纹/无螺纹	镊子头的内侧有的有螺纹,有的没有。螺纹可以增加摩擦力,用以固定宝石	通常选择带有螺纹的镊子
有凹槽/无凹槽	镊子头的内侧有的有凹槽,有的没有。凹槽用以固定宝石	有凹槽的镊子适用于大颗粒的刻面宝石;无凹槽的镊子适用于小颗粒宝石和弧面形宝石
有锁/无锁	镊子一侧有一个推拉的锁扣用以夹紧宝石	有锁的镊子适用于初学者,但上锁、开锁会浪费时间,建议使用熟练者选择无锁的镊子
尖头/扁头/圆头(珍珠镊子)	镊子头的形状分为尖头、扁头和圆头(珍珠镊子)三种,可以根据宝石的大小和形状不同选择适合的镊子,原则是能稳定夹住并尽可能少遮挡宝石的观察点	一般尖头镊子适用于小颗粒宝石,扁头镊子适用于大颗粒宝石,圆头镊子适用于珍珠等圆珠形宝石
弹簧宝石夹	配备在显微镜等宝石检测设备上用以固定宝石	各种宝石
宝石爪	一端有一个可以伸缩开合的爪子用以固定宝石	适用于无经验者和初学者,或者适用于需要使用有机溶液的场合,用以夹住或者固定宝石

3.2 显 微 镜

1 实习目的和要求

(1) 了解显微镜的原理和结构;

（2）熟练掌握显微镜的调节和使用方法；
（3）了解显微镜的不同照明方式及其应用；
（4）学会用显微镜观察宝石内、外部特征；
（5）学会准确描述并图示显微镜下观察到的宝石内、外部特征并解释。

2 知识准备

透镜放大原理；显微镜的保养和维护；宝石常见的内、外部特征及其结果解释。

3 实习仪器

双筒立体变焦式显微镜、镊子、擦拭宝石的清洁布、光纤灯或者笔式手电筒、散射白板（用以覆盖在光源上可以造成光的漫射，如无可以用餐巾纸暂代）。

4 实习内容

（1）观察并认识显微镜的各个结构部件；
（2）练习显微镜的调节和使用步骤；
（3）练习在不同照明方式下观察宝石的内、外部特征，了解不同照明方式的特点及应用；
（4）描述并图示显微镜下观察到的宝石内、外部特征；
（5）对显微镜下观察到的特征进行结果解释。

5 实习指南

（1）显微镜的调节。
① 在一张白纸上点一黑点，放置于显微镜视域中央；
② 将镜头调到最低处，打开显微镜光源；
③ 根据双眼宽度调节两目镜间距，直到视域出现一个完整的圆；
④ 转动焦距调节旋钮调节焦距；
⑤ 将物镜放大倍数调至最大，闭上左眼（或右眼）仅用右眼（或左眼）观察并再次调焦；
⑥ 固定焦距调节旋钮，闭上右眼（或左眼）转动左侧目镜，仅对左眼（或右眼）再次准焦，在此过程中不能调节焦距调节旋钮。
（2）显微镜的使用步骤。
① 观察前要检查显微镜工作状态是否正常，包括目镜、光源、镊子、调焦旋钮、锁光圈和遮光板；
② 用清洁布擦拭宝石表面，去除表面的灰尘和油脂；
③ 调节两个目镜宽度，使眼睛处于最适合观察的位置；
④ 用显微镜自带的宝石夹夹住待观察宝石；

⑤ 调节物镜到最小放大倍数时开始观察；

⑥ 调节宝石的位置和显微镜的焦距，找到观察特征，将观察对象置于视域中央，练习在不同的放大倍数和照明条件下从不同方向反复观察同一特征，了解不同放大倍数和照明方式的特点(表 3.2)；

⑦ 利用图示记录、描述观察到的宝石内、外部特征；

⑧ 根据观察结果给出初步的结论或者为进一步测试指明方向。

(3) 观察的细节和技巧。

① 放大倍数并非越大越好，放大倍数越大，观察的视域越小、越暗，同时宝石和物镜间的距离变小，容易相互摩擦，造成宝石或者镜头损伤；

② 可以尝试练习用一只手拿镊子直接夹住宝石在镜下观察，操作熟练后可以节省测试时间；

③ 光源非常重要，除了显微镜自带的光源外，还可尝试用点光源照明、散射照明等方式观察宝石特征；

④ 测试前宝石的清洁非常重要，可以达到事半功倍的效果，在测试过程中尽量不要用手直接接触宝石。

表 3.2　不同照明方式的特点及应用

照明方式	照明特点	应用	实习标本
亮域照明	底光源的光直接照射宝石，穿过宝石后进入物镜	适用于透明和半透明宝石，有利于观察色带、生长纹和低凸起的包裹体	大的矿物包裹体
暗域照明	用遮光板挡住直接来自底光源的光，照到宝石上的光经过了球状反射器的反射，光线不直接进入物镜	最常用，适用于透明到半透明宝石，有利于长时间观察较细微的特征，如纤维尘粒或气泡	带有弯曲生成线的合成红宝石、具有拼合特征的拼合石、带气泡的玻璃等
顶照明	关掉底光源，打开顶光源，使光线经过宝石表面反射后进入视域	适用于所有宝石，有利于观察宝石的表面或者近表面特征	表面具有磨损或者刻划的宝石，如锆石、玻璃等
散射照明	使用底光源，在光源上放置散射白板(或者面巾纸等其他半透明材料)，使照射到宝石上的光线更为柔和	适用于透明到半透明宝石，有利于观察色域和色带，如扩散处理的宝石	扩散处理蓝宝石，具有多相包裹体的宝石，如祖母绿、金黄色绿柱石等
点光照明	通过锁光圈使底光源缩小成点状后直接从宝石的底部照明	适用于透明到半透明宝石，更易于观察色带和宝石结构	染色石英岩
斜向照明	光从斜向直接照射宝石	可观察固、液态包裹体和解理面产生的干涉色	具有多相包体的宝石，如祖母绿等； 解理发育的宝石，如萤石、托帕石等
水平照明	光从侧面水平方向照射宝石，从宝石上方进行观察	更易于观察点状包裹体和明亮的气泡	玻璃、带气泡的塑料

（续表）

照明方式	照明特点	应用	实习标本
偏光照明	在两块偏光片之间观察宝石	适用于有一定透明度的宝石，可观察宝石的光性特征、干涉图和多色性	各向异性宝石，如水晶、碧玺等
遮掩照明	从样品的底部直接照明，在视域中插入一个不透明的挡光板，可增强包裹体的立体感	有助于观察生长结构，如弯曲生长线、双晶纹	合成红宝石的弯曲生长线、钻石的双晶纹

6 实习项目

实习项目 3.1 放大观察宝石的内、外部特征

内容	观察要点	宝石标本
外部特征	**外部特征**：除晶形、颜色、透明度和光泽外，与宝石晶体结构有关的特殊现象，以及宝石在切磨抛光过程中留下的痕迹。 （1）原石：晶面条纹、蚀痕、断口、损伤、解理、双晶标志； （2）宝石的切磨质量：切割比例、刻面接合的精确性和对称性、抛光质量； （3）宝石表面的损伤、磨损、断口和解理； （4）商业标识	具有明显晶面特征的宝石原石晶体； 切磨好的刻面形的裸石； 拼合石，如以石榴石为顶的拼合石； 钻石腰围上的激光编码，或者成品金属首饰上的印记
内部特征	**内部特征**：宝石材料中所含的固相、液相、气相包裹体，特殊类型的包裹体（如负晶）等与晶体结构有关的现象。 根据包裹体存在的形式可以分为两种： （1）物质性包裹体，如固相、液相、气相包体； （2）非物质型包裹体。 颜色分布：色带、染色、处理的痕迹。 生长特征：生长纹、双晶纹。 其他：解理、裂隙、重影	如祖母绿中的三相包裹体；橄榄石中的睡莲叶状包裹体；翠榴石中的马尾状包裹体；锰铝榴石中的液态具有扯碎状包裹体；钙铝榴石中的糖浆状包裹体；海蓝宝石中的雨状包裹体等。 合成或者人造宝石中的典型包裹体，包括以下四种。 （1）玻璃和塑料中的包裹体： ① 铸模痕圆化的刻面棱； ② 切磨穿过气泡的位置会在宝石表面留下圆形的坑； ③ 气泡和旋涡纹； ④ 脱玻化玻璃中可见枝状雏晶。 （2）焰熔法合成的宝石中的包裹体： ① 透明或颜色浓集的平行弯曲生长线； ② 气泡或许多小气泡形成的云雾； ③ 未熔融的原料粉末形成的尘粒云雾。 （3）助熔剂法合成的宝石中的包裹体： ① 含熔剂小滴的部分愈合的裂缝（羽状体），其外观可有变化，从酷似金属羽状体到纤细的“扭曲面纱”；

（续表）

内容	观察要点	宝石标本
内部特征		② 熔剂残余，看上去像黄橙色或白色裂缝； ③ 铂片晶、籽晶。 (4) 水热法合成的宝石中的包裹体： ① 波状生长构造，锯齿形或热雾效应； ② 熔剂羽状体； ③ 两相和三相包裹体，籽晶。 优化处理的宝石的典型特征： (1) 染色充填处理的宝石：染剂在裂缝和颗粒边界浓集，并可能观察到涂层的剥落，注油、上蜡、树脂等充填物；通到表面的裂隙中的充填物可显示光泽差别；充填裂隙中可看到干涉色闪光。 (2) 热处理的宝石：伴生的部分愈合裂缝和圆化的晶体；热处理刚玉中产生的"点状丝状体"（熔断的金红石针）；热处理产生的环绕包裹体的盘状应力裂缝，例如热处理琥珀中的"太阳光芒"。 (3) 表面扩散处理的宝石可显示颜色在刻面棱、延伸到表面的晶体包裹体和裂缝中的浓集。 (4) 钻石的激光打孔的存在。 (5) 拼合石颜色、光泽和磨损的变化，拼合缝、接合面上的气泡，拼合不同部分包裹体特征的差异等

7 实习报告

实验报告记录（样本 3）

样本编号：003	
利用 10 倍放大镜和显微镜进行观察与鉴定 观察的特征： 方刻面形，绿色，透明，玻璃光泽； 尺寸：0.6 cm×0.6 cm； 放大检查： (1) 从冠部观察，宝石内部有大量分布在同一个层面上的圆形气泡；冠部可见三组不同方向的短针状包裹体。 (2) 腰部可见拼合缝，腰部可见一个崩口，显示贝壳状断口。 (3) 以拼合缝为界线，冠部材料光泽强，刻面棱磨损轻微，说明硬度较高；拼合缝以下材料光泽较弱，刻面棱磨损严重，说明硬度较低。 (4) 将宝石台面向下放置在白纸上，点光源照射可见红圈效应	图示 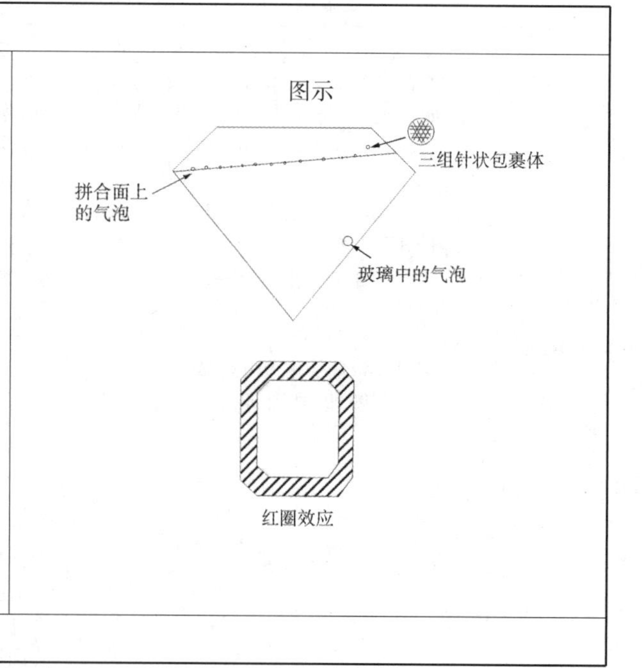
可能的结论：以石榴石为顶的二层石	

实习报告记录

<table>
<tr><td colspan="2">样本编号：</td></tr>
<tr><td>利用10倍放大镜和显微镜进行观察与鉴定</td><td>图示</td></tr>
<tr><td colspan="2">可能的结论：</td></tr>
</table>

3.3　折　射　仪

1　实习目的和要求

(1) 了解折射仪的原理和结构；
(2) 熟练掌握折射仪的使用方法；
(4) 学会用折射仪测量宝石的折射率、双折射率和光性；
(5) 学会正确解释折射仪的测量结果。

2　知识准备

基本概念：折射、双折射、折射率、双折射率、光学各向同性、光学各向异性、光轴、一轴晶、二轴晶、光性符号、光率体、全内反射原理；各向异性宝石两条折射光线随方向变化的特征。

3　实习仪器

全内反射型折射仪(包括光源)，折射油(接触液)，无水乙醇棉花。

4 实习内容

（1）观察并熟悉折射仪的结构；

（2）练习用折射仪测量刻面形宝石的折射率、双折射率和光性符号（近视法）；

（3）练习用折射仪测量弧面形宝石的近似折射率（远视法）；

（4）正确解释折射仪的测量结果。

5 实习指南

（1）近视法操作步骤（适用于有抛光刻面的宝石）。

① 清洁宝石和折射仪的棱镜台；

② 选择合适的测试刻面，平坦抛光的台面是理想的选择；

③ 将一小滴接触液滴在折射仪的棱镜台上；

④ 将宝石轻放到棱镜台上，使宝石和棱镜台保持良好的光学接触；

⑤ 宝石转动 360°，同时观察阴影边界的变化情况和位置；

⑥ 每次旋转宝石到一定角度后，转动目镜上的偏光片，观察阴影边界的变化，记录对应的最大和最小折射率值，要求精确到小数点后 3 位（第 3 位是估计值）；

⑦ 实验结束，再次清洁宝石和棱镜台。

（2）近视法操作细节和技巧。

① 折射仪的照明要求用单色的黄光源，如果观察时周围有白光并且折射仪的盖子没有盖上，在目镜上将会观察到彩虹干涉色，可将盖子盖上读数；如果没有单色光光源而不得不用白光源（如有些台式偏光镜就有一个折射仪光源口），则选择在黄绿光消失的位置上读数。

② 放置宝石时，先把宝石放在棱镜台的前方，然后通过目镜观察，同时小心地将宝石朝棱镜台的后方，即朝观察者的方向移动，直到出现阴影边界，这时的宝石位置是最佳的。

③ 设法保持宝石居中于最佳位置，还要设法使自己的眼睛在读数时保持同样的位置，这样才能避免因阴影边界的光学位移而可能导致的折射率读数的变化。

④ 折射率读数的上限取决于接触液的折射率，通常是在 1.78～1.81，因此在 1.78 附近会有接触液的阴影边界。注意不要和宝石的阴影混淆，可以在滴好接触液且未放宝石前观察液体的阴影边界。

⑤ 接触液的用量可根据宝石的大小进行调整，若使用过多的接触液，小的宝石会浮在液体表面，在目镜上将出现一个形状不规则的黑斑；若液滴太小，同样不能形成良好的光学接触，可能看不到阴影。当然，最好先从小滴接触液开始，多余的液体用薄纱纸的边缘去除。

⑥ 若宝石放置过久，接触液会风干，硫会结晶析出，难以获得清晰的读数，这时要仔细地清洁宝石和棱镜台，重新开始测试。

⑦ 原则上对于双折射的宝石，最大和最小的折射率应该是在对宝石连续转动 360°的过程中观察到的，但操作起来比较困难。国内有些教材建议学生在旋转 360°的过程中间隔固

定的角度读数，间隔越小，结果越接近最大双折射率值。

⑧ 宝石在使用和佩戴的过程中，刻面可能会产生轻微磨损，不同的宝石在折射仪上所观察到的清晰度各不相同，可尝试换一个刻面观察，如果清晰度仍不够，也不应过分苛求，能看清读数即可。

⑨ 在转动360°过程中，读数应该是连续变化的，但有些宝石具有异常双折射，在某个位置可能出现读数异常，如单折射的宝石出现双折射，或者双折射的宝石出现一个特别大或者特别小的值，可以不考虑这些读数，这种情况可能是宝石本身刻面条件不理想或者折射仪棱镜台有损伤造成的。

⑩ 弯曲很小的和严重刻划的刻面不能显示清晰的读数，要尝试别的刻面，如若不成功，可用远视法。

(3) 远视法操作步骤(适用于抛光的弧面或者抛光刻面很小的宝石)。

① 将一小滴接触液滴在棱镜台上；

② 小心地将宝石放到棱镜台的中央，接触液位于宝石和棱镜台之间；

③ 取下目镜上的偏光片，透过目镜观察，头部至少离目镜30 cm(不要把眼睛贴近目镜)，会看到一个圆形或椭圆形的光斑；

④ 聚焦于这个光斑，在与目镜平行的方向上轻微移动头部并保持与目镜的距离不变，经几次试探性的移动后将会看到在较低折射率区间，液滴是暗的，反之，在较高折射率区间，液滴是亮的；

⑤ 调整眼睛的位置，直至光斑一半是暗的，一半是亮的；

⑥ 读出亮暗边界对应的读数，即为宝石的近似折射率。

远视法的读数只取到小数点后两位，此方法只能获得近似读数。

(4) 远视法操作细节和技巧。

① 接触液应尽量地少，有个办法是滴一滴液体在折射仪的金属台上，然后将宝石轻触一下液滴，再将宝石放在棱镜台上，合适的量是光斑的直径占两到三个最小的刻度数；

② 最好的光斑为正圆形，边界细而清晰，多数情况下由于宝石的抛光面和折射油量的限制，光斑的形状可能为椭圆形或者边界不规则的异形，可以忽略光斑的外形，多次移动头部/眼睛位置，找到大致的一半亮一半暗的位置读数；

③ 初学者往往无法同时看清楚光斑的亮暗边界和读数，可尝试先聚焦亮暗边界，确定好位置后再聚焦标尺读数；

④ 小的雕件可以用手扶着测量，让一个抛光面始终和棱镜台相接触。

(5) 适用范围。

折射仪适用于具有良好抛光面的珠宝玉石折射率测量。下列情况下不易或不能测定折射率、双折射率：

① 样品无光滑面(如抛光面、晶面等)时，不易测定折射率、双折射率；

② 样品过小(平面直径＜2 mm)或样品所镶嵌的金属超出样品平面时，不易测定折射率、双折射率；

③ 样品与折射仪接触面过小(如小刻面、弧面)时，可用点测法测定折射率，但不易测定双折射率；

④ 样品折射率超过折射仪及接触油的测量范围时，不能测定折射率、双折射率；

⑤ 接触液对样品(如多孔隙或结构松散的样品、有机宝石)有损害时,不能测定折射率、双折射率;

⑥ 样品为晶质集合体时,不易测定双折射率。

6 实习项目

实习项目3.2 用折射仪测量宝石的折射率、双折射率和光性

观察现象	结果解释	实习标本
转动360°始终只能见到一条固定的阴影边界	各向同性宝石:立方晶系或者非晶体	钙铝榴石、镁铝榴石、萤石、尖晶石、玻璃、欧泊
能看到两条阴影边界,一条阴影边界移动,另一条不移动,或者两条都不移动	各向异性一轴晶宝石,大的读数变化,为正光性,反之为负光性。两条都不移动:光轴垂直于所测刻面	刚玉、绿柱石、电气石、石英、磷灰石、方柱石
两条阴影边界都移动,或者一条阴影边界移动,另一条不移动	各向异性二轴晶宝石,沿特殊光学取向(光轴)磨的宝石可能产生一条移动一条不移动的情况。大的读数变化范围大,为正光性,反之为负光性	托帕石、金绿宝石、橄榄石、红柱石、透辉石、长石、堇青石、硼铝镁石、锂辉石、坦桑石
标尺整体呈朦胧亮。唯一的阴影边界是属于接触液的,大致在1.78～1.80处	负读数或模糊的读数,宝石的折射率高于接触液的折射率	铁铝榴石、锰铝榴石、锆石、榍石及部分合成或者人造的钻石等仿制宝石
圆形的或者椭圆形的光斑处于一半亮一半暗的位置	远视法,宝石的近似折射率值	具有抛光面的素面、珠子或者小雕件宝石、玉石

7 实习报告

实习报告记录(样例4)

样品编号:004	
测量宝石的折射率和双折射率 结果解释: 转动360°,可见两条阴影边界,大的数据对应的阴影边界移动,小的数据对应的阴影边界不移动。 数据: (1) 最高折射率:1.553; (2) 最低折射率:1.544; (3) 双折射率:0.009(U+)	原始数据记录: 1.544～1.550 1.544～1.551 1.544～1.553 1.544～1.549 1.544～1.550 1.544～1.551
可能的结论:水晶	

实习报告记录

<table>
<tr><td colspan="2">样品编号：</td></tr>
<tr><td>测量宝石的折射率和双折射率
结果解释：

数据：</td><td>原始数据记录</td></tr>
<tr><td colspan="2">可能的结论：</td></tr>
</table>

3.4 偏　光　镜

1 实习目的和要求

（1）了解偏光镜的原理和结构；
（2）熟练掌握偏光镜的使用方法；
（3）学会用偏光镜观察宝石的偏光效应；
（4）学会解释偏光镜下的现象。

2 知识准备

复习基本概念：平面偏振光、光轴、一轴晶、二轴晶、异常消光、干涉图。

3 实习仪器

偏光镜，锥光镜（干涉球），镊子。

4 实习内容

（1）了解偏光镜的结构；
（2）练习用偏光镜观察宝石的偏光效应；
（3）描述偏光镜下的现象并进行结果解释。

5 实习指南

（1）测试步骤。

① 清洁宝石和仪器；

② 打开光源，转动上偏光片，使上、下偏光片处于正交位置，这时透过上偏光片观察视域是暗的；

③ 将待测宝石放在玻璃台上，或者用手指或镊子夹住宝石置于下偏光片上方；

④ 旋转宝石并透过上偏光片观察宝石的亮暗情况；

⑤ 将锥光镜置于宝石上方观察干涉图；

⑥ 记录并描述偏光镜下观察到的现象并解释；

⑦ 将上、下偏光片偏振方向处于平行的位置，用于观察宝石的多色性。

（2）观察的细节和技巧。

① 如果在转动宝石的过程中出现干涉色闪光，说明光轴就在附近，可以用锥光镜来观察干涉图。

② 宝石的琢型对观察干涉图影响很大，珠子是最容易观察到干涉图的，其次是弧面形宝石，最难寻找干涉图的是刻面形宝石，尤其是光轴不垂直于台面的情况，有时可能看到干涉色闪光，但也无法看清楚干涉图的形状。对这种情况建议不要纠结浪费时间，可以改用其他的测试方法确认光性。

③ 如果转动宝石过程中发现一条黑带在宝石中移动，且判断不是异常消光，则其可能是干涉图，可以试着在黑带的两端寻找干涉图。

④ 圆钻形宝石从台面向下观察时，可能由于刻面反光产生干扰，可试着只聚焦台面观察，或者换一个刻面测试。

⑤ 具有特殊光学效应的宝石由于包裹体或者结构特征的影响，偏光镜测试的结论可能和其他测试的结论相矛盾，谨慎解释。

⑥ 可在载物台上放置几颗宝石同时观察，这样更有利于进行对比。

⑦ 注意区分四明四暗和异常消光，四明四暗在亮的时候都亮，暗的时候都暗，异常消光则是任何时候都是在亮的区域中能看到暗的带或者区，如若区分困难，可试着借助二色镜、折射仪等仪器确认。

6 实习项目

实习项目 3.3　偏光镜测试

观察现象	结果解释	实习标本
在所有取向上转动 360°，宝石始终全暗	光学各向同性：非晶质或立方晶系（极少是多晶质的）	钙铝榴石、镁铝榴石、萤石、尖晶石、玻璃、欧泊
在大多数取向上转动 360°，宝石显示四明四暗	光学各向异性：一轴晶或二轴晶	绿柱石、金绿宝石、刚玉、长石、橄榄石、石英、托帕石、碧玺、锆石等
在所有取向上转动 360°，宝石始终全亮	多晶质或者某些双晶、二层石和三层石异常内反射效应	翡翠、软玉、玉髓、玛瑙、双晶蓝宝石
转动宝石，两条暗带在亮的背景下扭曲移动	蛇形消光	脱玻化玻璃和塑料
不论取向如何都显示横穿整个宝石的一些细的条纹，这些条纹亮暗交替，看上去像模糊的云雾并可随宝石的转动而移动	斑纹状消光	焰熔法合成尖晶石
一组横穿整个宝石的模糊或清晰的平行带。当转动宝石时，这些带常出现亮度的变化，使宝石像各向异性宝石一样每隔 90°亮暗一次	类似四明四暗的异常消光	铁铝榴石
因干涉作用产生颜色或亮区，并随宝石的转动而变化；包裹体或者裂隙发育的宝石在偏光镜下的结果与其他测试结果相悖	其他异常消光	拼合石、特殊光学效应的宝石、裂隙发育的宝石
显示穿过彩色同心环的黑"十"字，当转动宝石时，图形保持不变	一轴晶宝石，光轴垂直于所测刻面	刚玉、绿柱石、电气石、石英、磷灰石、方柱石
类似一轴晶干涉图但是其中心部分不是黑色，而是淡绿色或粉色的圆斑	水晶的"牛眼"干涉图，要注意，并不是所有的水晶都显示"牛眼"干涉图	无色水晶、粉晶
显示穿过两套彩色环的一个黑"十"字，或是显示各穿过一套彩色环的两个黑"刷子"或"曲线"。当转动宝石时，黑"十"字的臂朝外移动，变成两把"刷子"，继续移动宝石，"刷子"又朝里移动，变成黑"十"字	二轴晶干涉图，两个光轴同时出现在一个视域中	托帕石、金绿宝石、橄榄石、红柱石、透辉石、长石、堇青石、硼铝镁石、锂辉石、坦桑石

（续表）

观察现象	结果解释	实习标本
显示穿过彩色同心环的单个弯曲的“刷子”或“曲线”	“单臂干涉图”，二轴晶宝石，只能看到一个光轴	托帕石、金绿宝石、橄榄石、红柱石、透辉石、长石、堇青石、硼铝镁石、锂辉石、坦桑石

7 实习报告

实习报告记录（样例5）

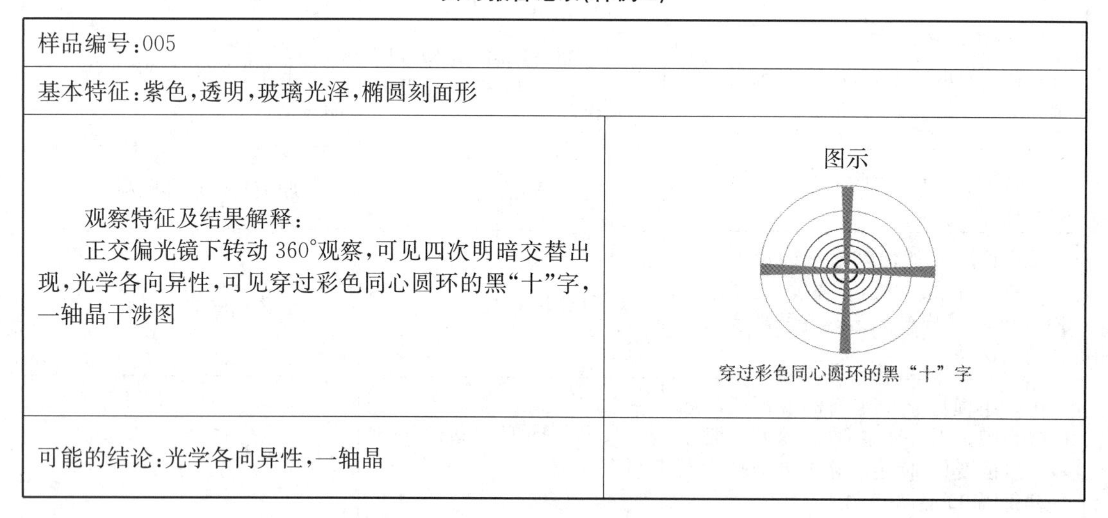

样品编号：005	
基本特征：紫色，透明，玻璃光泽，椭圆刻面形	
观察特征及结果解释： 正交偏光镜下转动360°观察，可见四次明暗交替出现，光学各向异性，可见穿过彩色同心圆环的黑“十”字，一轴晶干涉图	图示 穿过彩色同心圆环的黑“十”字
可能的结论：光学各向异性，一轴晶	

实习报告记录

样品编号：	
基本特征：	
观察特征及结果解释：	图示
可能的结论：	

3.5　二　色　镜

1　实习目的和要求

(1) 了解二色镜的原理和结构；
(2) 熟练掌握方解石二色镜和伦敦二色镜的使用方法；
(3) 学会用二色镜观察宝石的多色性；
(4) 学会对二色镜下观察到的现象进行结果解释。

2　知识准备

复习基本概念：平面偏振光、光轴、一轴晶、二轴晶、多色性、二色性、三色性；常见宝石的多色性。

3　实习仪器

伦敦二色镜，方解石二色镜，镊子，光源(台灯)，餐巾纸(形成漫反射光)。

4　实习内容

(1) 观察两种类型二色镜的结构；
(2) 练习正确用二色镜观察宝石的多色性；
(3) 对二色镜观察到的现象进行结果解释。

5　实习指南

(1) 方解石二色镜的使用步骤。
① 打开光源；
② 较大的宝石用手拿，较小的宝石用镊子夹；
③ 用透射光照射宝石，将宝石靠近二色镜小孔的一端，眼睛靠近目镜进行观察；
④ 在转动宝石的过程中观察两个窗口中的颜色或颜色深浅的不同；
⑤ 如果发现两个视域颜色不同，且转动二色镜 90°后，两个视域中的颜色互换，则可确定为多色性；
⑥ 转动宝石，从不同方向上进一步观察，找到最明显差别的两种或者三种颜色；
⑦ 记录多色性颜色和强度并给出合理解释。

(2) 方解石二色镜的观察细节和技巧。

① 使用二色镜时应该用透射光,最好在光源上遮挡一张餐巾纸让光漫射,应避免使用反射光,在没有合适光源的情况下可以利用日光;

② 如果从不同方向观察宝石,只出现一种颜色深浅的变化,则解释为二色性而非三色性;

③ 只有观察到三种颜色,才能解释为三色性;

④ 二色镜是一种辅助性测试。

(3) 伦敦二色镜的使用步骤。

① 打开光源;

② 较大的宝石用手拿,较小的宝石用镊子夹;

③ 用透射光照射宝石,观察二色镜镜片两边的颜色或者颜色深浅的变化;

④ 其他步骤同方解石二色镜。

(4) 伦敦二色镜的观察细节和技巧。

① 使用伦敦二色镜时,光源、宝石、二色镜和眼睛要在一条直线上;

② 伦敦二色镜比方解石二色镜操作简单,但是不像后者那样易于观察到准确的多色性。

6 实习项目

实习项目 3.4　二色镜测试

观察现象	结果解释	实习标本(有色,透明到半透明)
两个视域中颜色始终一致	无多色性,可能是各向同性	各向同性宝石:玻璃、尖晶石、石榴石、萤石
从各个方向观察最多看到两种颜色或者一种颜色的不同色调	二色性;各向异性	各向异性宝石:红宝石、蓝宝石、祖母绿、碧玺、热处理后的坦桑石
从各个方向观察到三种颜色	三色性;各向异性二轴晶	二轴晶宝石:变石、红柱石、堇青石、坦桑石

7 实习报告

实验报告记录(样例 6)

样品编号:006
样品描述(适用于有色透明至半透明各向异性材料) 基本特征:暗绿色,透明,玻璃光泽,椭圆弧面形
观察并记录多色性的颜色和强度: 转动宝石,可见强二色性,暗绿色、黄绿色
可能的结论:碧玺

实习报告记录

样品编号：
样品描述(适用于有色透明至半透明各向异性材料) 基本特征：
观察并记录多色性的颜色和强度：
可能的结论：

3.6 分 光 镜

1 实习目的和要求

(1) 了解分光镜的原理和结构；
(2) 熟练掌握分光镜的使用方法，了解两种类型分光镜的吸收光谱特征；
(3) 学会利用分光镜观察宝石的光谱；
(4) 学会准确完整地记录和描述吸收光谱并给出正确的结论。

2 知识准备

复习基本概念：光的选择性吸收、致色元素、色散；常见宝石的光谱特征。

3 实习仪器

光纤灯或者笔式手电筒，衍射光栅式分光镜，棱镜式分光镜，黑色卡纸。

4 实习内容

(1) 了解两种类型的分光镜的结构和特征；
(2) 练习用分光镜正确观察宝石的吸收光谱并图示描述；
(3) 根据吸收光谱进行结果解释。

表3.3 分光镜的类型和特征

类型	特征1	特征2	特征3
衍射光栅式分光镜	产生一系列光谱，但仪器设计为只有一条最强的光谱可以被看到	线性光谱，所有波长是等间距的	整个光谱具有同一焦距，不需要调焦

（续表）

类型	特征 1	特征 2	特征 3
棱镜式分光镜	只产生一条强的明亮光谱	非线性光谱，蓝紫区大于红区	光谱的各个部分在距目镜略不相同的距离上聚焦

5 实习指南

（1）测试步骤。

① 使用光纤灯或有高亮度灯泡的手电筒来照射宝石；

② 根据宝石的透明度、颜色深浅以及宝石大小选择用内反射光、透射光或者外反射光来观察宝石；

③ 将分光镜的目镜贴近眼睛，狭缝端贴近宝石，让来自宝石的光尽量多地通过狭缝进入分光镜；

④ 观察的过程中要调整光源的亮度、眼睛和宝石的位置，直到观察到清晰的光谱；

⑤ 利用图示描述吸收光谱，标出光谱图的红端和紫端，注明用的是哪种类型的分光镜；

⑥ 判断致色元素，准确定名宝石。

（2）观察的技巧和细节。

① 浅色宝石不宜使用过强的光，会导致光谱看不清楚，可试着用内反射光观察；

② 光在宝石中的光程要尽量长，可选择从宝石长轴方向观察；

③ 观察时，应设法使来自宝石的最明亮的光进入分光镜，即对准最亮的光点观察；

④ 长时间观察会导致宝石温度升高，光谱变得模糊，可以让宝石远离光源冷却后再继续观察；

⑤ 有时视域中会出现横的暗纹，这并非吸收线，可能是灰尘进入分光镜后导致；

⑥ 有时吸收光谱中会出现亮线，这是荧光线，对某些宝石（如红宝石）的鉴定是有意义的。

6 实习项目

实习项目 3.5　分光镜测试

观察到的现象	结果解释	实习标本（有色）
宝石的吸收光谱，注意吸收线、吸收带、吸收区和荧光线的数量、宽度和位置	1. 致色元素，宝石定名； 2. 辅助判断宝石的合成和优化处理	红宝石、蓝宝石、尖晶石、橄榄石、石榴石、锆石、热处理锆石、祖母绿、钴致色合成尖晶石、钴致色合成水晶、钴致色蓝色玻璃，红色玻璃，金绿宝石

7 实习报告

实习报告记录(样例7)

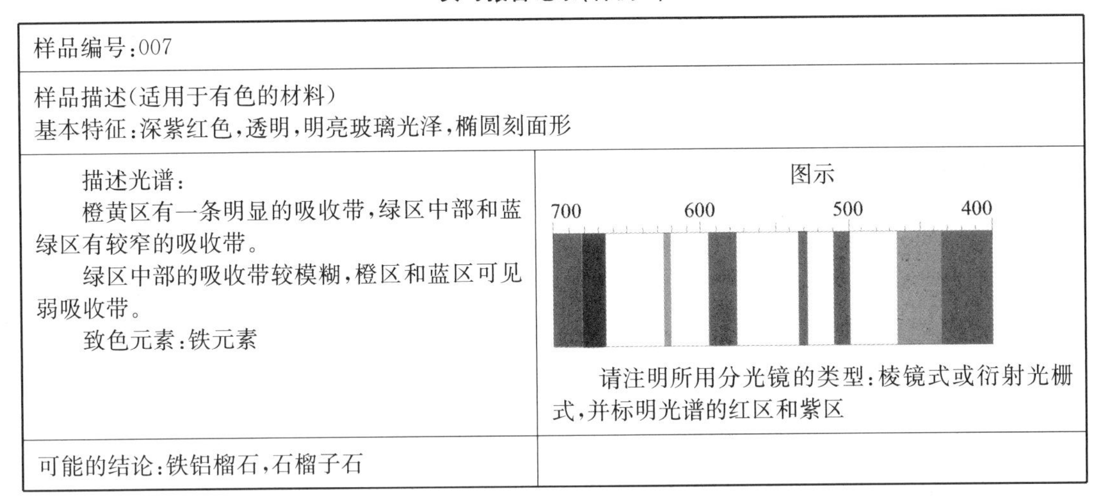

<table>
<tr><td colspan="2">样品编号:007</td></tr>
<tr><td colspan="2">样品描述(适用于有色的材料)
基本特征:深紫红色,透明,明亮玻璃光泽,椭圆刻面形</td></tr>
<tr><td>描述光谱:
橙黄区有一条明显的吸收带,绿区中部和蓝绿区有较窄的吸收带。
绿区中部的吸收带较模糊,橙区和蓝区可见弱吸收带。
致色元素:铁元素</td><td>图示
700 600 500 400
请注明所用分光镜的类型:棱镜式或衍射光栅式,并标明光谱的红区和紫区</td></tr>
<tr><td>可能的结论:铁铝榴石,石榴子石</td><td></td></tr>
</table>

实习报告记录

<table>
<tr><td colspan="2">样品编号:</td></tr>
<tr><td colspan="2">样品描述(适用于有色的材料)
基本特征:</td></tr>
<tr><td>描述光谱:</td><td>图示

请注明所用分光镜的类型:棱镜式或衍射光栅式,并标明光谱的红区和紫区</td></tr>
<tr><td colspan="2">可能的结论:</td></tr>
</table>

3.7 查尔斯滤色镜

1 实习目的和要求

(1) 了解滤色镜的原理和结构;

(2) 熟练掌握滤色镜的使用方法;

(3) 学会利用滤色镜观察宝石；
(4) 学会对滤色镜下观察到的特征进行结果解释。

2 知识准备

复习基本概念:光的选择性吸收、致色元素。

3 实习仪器

查尔斯滤色镜,光纤灯或者笔式手电筒,白色卡纸。

4 实习内容

(1) 观察查尔斯滤色镜的结构；
(2) 练习用查尔斯滤色镜观察有色宝石；
(3) 描述并记录查尔斯滤色镜下有色宝石的颜色变化并给出解释。

5 实习指南

(1) 测试步骤。
① 将待测宝石放在一张白色卡纸上(或者白色背景上)；
② 用明亮的光源照射宝石；
③ 将滤色镜紧靠眼睛,在距离 30 cm 以上的位置观测宝石的颜色变化；
④ 记录观察到的颜色；
⑤ 对观察结果进行合理解释。
(2) 观察的细节和技巧。
① 如果用左眼观察,最好用右手拿滤色镜,这样可以自然遮住右眼,避免观察时一只眼睛睁开一只眼睛闭上(反之亦然)；
② 滤色镜可以快速区分成包的有色宝石,尤其是相同色系的相似宝石；
③ 滤色镜的检测结果可能随宝石颜色的深浅而变化；
④ 滤色镜的任何检测结果都只能看作一个指南,是辅助性测试而非诊断性测试。

6 实习项目

实习项目 3.6　观察查尔斯滤色镜下的宝石颜色变化

实习标本	观察现象
变石	粉红到亮红色
金绿宝石	绿色

（续表）

实习标本	观察现象
翠榴石和铬钒钙铝榴石	粉红到亮红色
染绿玛瑙	浅红到粉红或绿色
祖母绿(天然或合成的)	亮红或粉红到浅绿色
绿色玻璃	大多为暗绿色,少数为浅红色调
绿色翡翠	暗绿色
绿色锆石	粉红到红色
翡翠(某些染绿样品)	可有红或粉红色调
苏达祖母绿	大多数显暗绿色
海蓝宝石	绿蓝色
蓝色玻璃(铁元素致色)	浅绿到灰绿色
蓝色玻璃和合成石英(钴元素致色)	深红到粉红色
蓝色蓝宝石(天然的和合成的)	大多数为暗绿色
蓝色尖晶石(天然的)	浅红到灰绿色
蓝色尖晶石(合成的,钴元素致色)	强红、橙到粉红或亮红色
蓝色托帕石	浅黄或近无色
蓝色托帕石(人工辐照的和热处理的)	淡肉红色或无色
青金岩	可显粉红色
石榴石(镁铝-铁铝榴石)	深灰到深红色
红色玻璃	深红或惰性
红色尖晶石	红色
红宝石(天然的和合成的)	红到极亮红
具变色效应的合成刚玉	红到极亮红

7 实习报告

实习报告记录(样例8)

样品编号:008
样品描述(适用于有色的材料) 基本特征:亮蓝色,透明,玻璃光泽,椭圆刻面形
查尔斯滤色镜下特征描述: 亮红色 推测可能是钴元素致色
可能的结论:蓝色玻璃

实习报告记录

样品编号：
样品描述(适用于有色的材料) 基本特征：
查尔斯滤色镜下特征描述：
可能的结论：

3.8 紫外荧光灯

1 实习目的和要求

(1) 了解紫外荧光灯的结构；
(2) 熟练掌握紫外荧光灯的使用方法，了解紫外荧光灯使用时的注意事项；
(3) 学会利用紫外荧光灯观察宝石的发光现象；
(4) 观察并记录宝石的荧光和磷光颜色及强度并进行结果解释。

2 知识准备

复习基本概念：发光、荧光，磷光；宝石常见的荧光和磷光特征。

3 实习仪器

紫外荧光灯

4 实习内容

(1) 观察紫外荧光灯的结构；
(2) 练习用紫外荧光灯观察宝石的发光性；
(3) 描述并记录宝石发出的荧光和磷光的颜色及强度并合理解释。

5 实习指南

（1）测试步骤。

① 清洁宝石；

② 将宝石放在黑色暗箱里，盖好遮挡板；

③ 打开电源；

④ 切换长波和短波光源，通过护目镜观察宝石在长波和短波下的特征；

⑤ 关闭电源，观察宝石的磷光；

⑥ 记录宝石发光的颜色和强度并给出合理解释。

（2）观察的细节和技巧。

① 打开紫外灯后，需要等待一段时间再观察，以便于高能辐射充分激发出荧光；

② 观察荧光时，要多观察一段时间，给眼睛适应的时间，这样不会忽略较弱的荧光；

③ 紫外荧光灯所发射的不可见辐射有害，不可直视，测试中不要拨动宝石；

④ 铁元素的存在会抑制发光，因此合成宝石的荧光往往要强于天然宝石；

⑤ 观察时还要注意发光的部位，尤其是优化处理的宝玉石；

⑥ 紫外荧光灯的测试结论只能作为辅助性证据，一些新产地或者新品种的宝石可能与已知结论相悖，谨慎解释。

6 实习项目

实习项目3.7　宝石的发光性

实习标本	短波紫外光(254 nm)	长波紫外光(365 nm)
无色或者白色宝石		
无色玻璃	大多呈垩白色	惰性
立方氧化锆	黄到黄橙色	与在短波紫外光下相似
钻石	短波紫外光下所见荧光较长波紫外光下弱	常变化，蓝色多见，也有其他颜色
萤石	蓝或紫色	蓝或紫色
欧泊	白到绿色	白到绿色
珍珠	蓝白色	蓝白色
锆石	惰性	褐黄色
绿色宝石		
变石	红色	红色
祖母绿	红色	红或绿色

（续表）

实习标本	短波紫外光(254 nm)	长波紫外光(365 nm)
萤石	蓝或紫色	蓝或紫色
绿色玻璃	多变化	惰性
绿色锆石	惰性	褐黄色
蓝色宝石		
蓝色玻璃	多变化	惰性
萤石	蓝或紫色	蓝或紫色
蓝色蓝宝石	绿色	惰性
蓝色尖晶石(合成的,钴元素致色)	白色	红色
红到粉红色宝石		
红色玻璃	多变化	惰性
红色尖晶石	红色	红色
红宝石	红色	红色
紫锂辉石	惰性	橙色
变色刚玉	暗红色	暗红色
褐到黄色宝石		
龟甲(玳瑁)	浅绿到蓝色	白色
黄色蓝宝石	惰性	惰性、杏黄色

7 实习报告

实习报告记录(样例9)

样品编号:009
样品描述 基本特征:红色,透明,玻璃光泽,椭圆刻面形 自然光下体色:红色 长波紫外光下颜色及强度:红色,强荧光 短波紫外光下颜色及强度:未显色,惰性 磷光颜色及强度:惰性
可能的结论:合成红宝石

实习报告

实习报告记录

样品编号：
样品描述 基本特征：
自然光下体色： 长波紫外光下颜色及强度： 短波紫外光下颜色及强度： 磷光颜色及强度：
可能的结论：

3.9　比重测试

1 实习目的和要求

(1) 了解静水称重法(度量法)和重液法(比较法)的原理和装置；

(2) 熟练掌握利用静水称重法和重液法测量宝石的比重的方法。

2 知识准备

复习基本概念:密度、比重、阿基米德定律、重液、重液配比公式、比重测量公式。

3 实习仪器

高灵敏度天平,水比重支架,重液,烧杯,镊子,无水乙醇棉花,计算器,尼龙丝绳。

4 实习内容

(1) 学会组装静水称重法的实验装置；

(2) 学会重液的配置和保养；

(3) 练习用静水称重法和重液法测量宝石比重的步骤,了解注意事项；

(4) 对测试结果进行解释。

5 实习指南

(1) 利用单盘天平进行静水称重。

① 将一个桥横跨在天平的托盘上,桥和托盘之间要有一定间距;

② 将装满三分之二蒸馏水(保证宝石能完全浸没且不会接触到烧杯壁)的烧杯放到桥上;

③ 将支架一端放到天平的托盘上,另一端悬挂一个金属丝编制的网兜,将其浸没在烧杯的水中,仔细地清除网兜上的气泡;

④ 将天平归零;

⑤ 称出宝石在空气中的重量,记下结果(W);

⑥ 轻轻提起金属丝网兜,将宝石放入网兜,注意不要溅出水,再次将网兜浸没水中,称出宝石在水中的重量(W_1);

⑦ 根据公式宝石比重 $SG=W/(W-W_1)$计算 SG;

⑧ 给出可能的结论。

(2) 观察的细节和技巧。

① 样品必须擦干净,没有油污;

② 称重过程中要注意清除气泡;

③ 如果称重过程中,天平显示的数字一直变化,检查桥和天平的托盘、金属丝网兜和烧杯壁是否有接触;

④ 某些宝石材料是多孔的,可能因吸水导致密度的改变,从而出现错误的结果;

⑤ 结果的精确性取决于使用的方法和天平的灵敏度,静水称重法适用于 1 ct 以上的样品,用于质量更小的宝石称重会产生一定的误差,因此,为获得准确的结果,所测材料质量越小,对天平的灵敏度要求越高。

(3) 用重液法测量比重。

① 清洁宝石,准备好重液,或者重新标定重液的数值;

② 用镊子夹住宝石放入重液,仔细观察宝石在重液中的运动情况以及上浮或下沉的速度;

③ 取出宝石,再次清洁宝石和镊子;

④ 更换另一瓶重液,重复上述实验,直到得出结论。

(4) 测试细节和技巧。

① 重液性质不稳定,测试前需要标定;

② 测试时,最好用镊子夹着宝石放到重液中部,然后慢慢松开镊子,尽可能减少镊子移动带来的影响;

③ 如果宝石非常缓慢地下沉或浮起,其比重应接近于液体的比重,如果宝石保持悬浮状态,其比重应等同于液体;

④ 从最高值比重液开始测试(夹起一颗浮起的宝石比夹起一颗沉底的宝石要容易得多);

⑤ 把多颗宝石一起放入重液检测,可以快速区分相似宝石。

(5) 安全操作注意事项。

① 实验者要注意防护：必须在通风条件好的地方实验，避免重液触及皮肤、衣服或被人体吸入，使用完毕应立即洗手。

② 要注意对重液的保护：每次测试前后要清洁宝石和镊子，迅速测试。重液应存放在阴凉处，并放入一小片铜以防重液变黑，温度会影响重液的比重，加上本身易挥发，最好放入永久指示物。

③ 注意对宝石的保护：多孔的宝石、拼合石、有机宝石、塑料和一些染色宝石不能使用重液测试。

(6) 测量大雕件近似比重的简易方法。

① 选择一个量程较大的天平，称量雕件在空气中的重量 W；

② 取一个烧杯，注满三分之二的水（确保雕件能完全浸没并悬浮在水中且水不溢出），将烧杯放到天平的托盘上，天平清零；

③ 取一段尼龙丝绳（如无可以试着用头发丝），将雕件吊到绳上；

④ 用手提住细绳的一端，使雕件完全浸没并悬浮在水中；

⑤ 记录天平的读数 W_1；

⑥ W/W_1 即为雕件的近似比重。

6 实习项目

实习项目 3.8　比重测试

内容	实习标本
静水称重法（单盘天平）	所有未镶嵌的 1 ct 以上的宝玉石，包括原石、成品宝石
重液法	所有未镶嵌的宝玉石，包括原石、成品宝石
测量大雕件近似比重	玉石或者宝石的大雕件

7 实习报告

实习报告记录（样例 10）

样品编号：010
样品描述 基本特征：绿色，半透明，玻璃光泽，椭圆弧面形
净水称重法测试记录 掂重：一般 空气中的重量：8.63 ct 水中的重量：5.39 ct SG＝2.66
可能的结论（可有多种结果）：东菱玉，绿色砂金石英

实习报告记录 1

样品编号：
样品描述 基本特征：
净水称重法测试记录 掂重： 空气中的重量： 水中的重量： *SG*=
可能的结论(可有多种结果)：

实习报告记录(样例 11)

样品编号:011
样品描述 基本特征:红色,透明,玻璃光泽,椭圆刻面形
重液法测试结果记录 2.65 比重液中运动情况:上浮 3.05 比重液中运动情况:缓慢下沉 3.33 比重液中运动情况:下沉 *SG* 范围:3.05～3.33,接近 3.05
可能的结论(可有多种结果):红色碧玺,电气石

实习报告记录 2

样品编号：
样品描述 基本特征：
重液法测试结果记录 2.65 比重液中运动情况： 3.05 比重液中运动情况： 3.33 比重液中运动情况： *SG* 范围：
可能的结论(可有多种结果)：

3.10 硬度测试

1 实习目的和要求

(1) 了解硬度测试的原理,认识硬度笔;

(2) 熟练掌握用硬度笔测量宝石莫氏硬度的方法；
(3) 学会利用常用的工具来测量宝石的莫氏硬度。

2 知识准备

复习基本概念：硬度、差异硬度、莫氏硬度、绝对硬度；宝石的莫氏硬度值。

3 实习仪器

莫氏硬度笔，宝石清洁布，手电筒或者光纤灯，10倍放大镜，小钢刀，针，光滑的玻璃片。

4 实习内容

(1) 练习用莫氏硬度笔测量宝石的莫氏硬度；
(2) 练习用手边工具(小钢刀，针，光滑的玻璃片)来测试宝石的莫氏硬度。

5 实习指南

(1) 测试步骤。
① 选择测试位置：未抛光的或不易发现的部位(在未抛磨过的原石表面、珠孔的内部、雕件或小雕像的背面、不透明弧面宝石的背面。刻面宝石不能使用)；
② 用莫氏硬度笔在选好的位置上做细小的刻划；
③ 用放大镜或显微镜，配合良好的照明来观察测试结果；
④ 如果莫氏硬度笔在待测宝石表面留下划痕，则待测宝石的莫氏硬度值低于莫氏硬度笔的编号；
⑤ 用工具(小钢刀，针，光滑的玻璃片)重复上述步骤。
(2) 测试的细节和技巧。
① 在宝石材料上进行的任何硬度测试都是破坏性的，使用这种方法时要特别小心；
② 当使用莫氏硬度笔时，一定要按从软笔到硬笔的顺序，这样在得到结果前在宝石表面只留下一条划痕，如若按相反的顺序使用莫氏硬度笔，那么在得出结果前宝石上已有数条划痕；
③ 刻划后用一块湿布擦拭刻划部位，等风干后再观察是否有划痕，这是因为莫氏硬度笔可能太软，以致留下白色粉末条痕；
④ 划痕应尽可能地小，最好用10倍放大镜才能观察到。
(3) 注意事项。
损伤性测试，谨慎使用。

6 实习项目

实习项目 3.9　硬度测试

观察到的现象	结果解释	实习标本
1. 成品宝石表面的磨损情况，注意观察点(边棱交点)线(棱线)面(抛光面)等处； 2. 硬度笔测试后是否留下划痕	宝石的莫氏硬度区间	抛光不好的钻石、锆石、宝石原石晶体

7 实习报告

实习报告记录(样例 12)

样品编号：012
样品描述 基本特征：绿色，半透明，玻璃光泽，原始晶体
莫氏硬度计测试结果 测试位置：选择隐蔽的位置 测试前估计硬度范围：5～6 所用硬度笔最小编号：3 测试过程中所用硬度笔最大编号：6 硬度范围：5
可能的结论(可有多种结果)：磷灰石晶体

实习报告记录

样品编号：
样品描述 基本特征：
莫氏硬度笔测试结果 测试位置： 测试前估计硬度范围： 所用硬度笔最小编号： 测试过程中所用硬度笔最大编号： 硬度范围：
可能的结论(可有多种结果)：

3.11 条痕测试

1 实习目的和要求

（1）了解条痕测试的原理；

（2）熟练掌握条痕的测试方法。

2 知识准备

复习基本概念：条痕；常见宝石的条痕特征。

3 实习仪器

一面无釉的瓷板，10倍放大镜或者显微镜。

4 实习内容

练习条痕的测试方法。

5 实习指南

（1）测试步骤。

① 测试位置的选择：未抛磨的材料或原石，不能使用刻面宝石；

② 将待测宝石在瓷板无釉的一面上轻轻刻划；

③ 观察宝石在瓷板上留下划痕的颜色，即为条痕；

④ 对于大多数的条痕测试，最好是用放大镜和显微镜在良好照明条件下进行观察。

（2）注意事项。

① 大多数无机宝石的条痕都是无色的，不具有鉴定意义；

② 条痕是损伤性测试，谨慎使用。

6 实习项目

实习项目 3.10　条痕测试

实习标本	体色	条痕色
赤铁矿	金属状灰/黑	红到红褐
煤精	黑	深巧克力褐
孔雀石	条带状绿	淡绿

7 实习报告

实习报告记录(样例 13)

样品编号:013
样品描述 基本特征:绿色,不透明,玻璃光泽,原始晶体
条痕测试结果 测试位置:选择隐蔽的位置 条痕颜色:绿色
可能的结论(可有多种结果):孔雀石

实习报告记录

样品编号:
样品描述 基本特征:
条痕测试结果: 测试位置: 条痕颜色:
可能的结论(可有多种结果):

第 4 章

常见宝玉石的鉴定

4.1 常见宝石的鉴定

宝石的概念分为广义和狭义两种，广义的宝石概念中，宝玉石不分，泛指一切经过琢磨、雕刻后可以成为首饰或工艺品的材料。这里的材料不仅包括天然材料，还包括人造材料，如玻璃、塑料、、陶瓷、珐琅等。狭义的概念分宝石和玉石，宝石指自然界中，具有色彩瑰丽、晶莹剔透、坚硬耐久，并且稀少及可琢磨、雕刻成首饰和工艺品的矿物（或岩石以及部分有机材料）。天然宝石具备四个条件：美丽（美丽可以体现在颜色、透明度、净度、光泽、特殊光学效应等方面）、稀罕、耐久、需求性。截至目前（2023 年统计数据），全球共发现矿物数量约 5 900 种，可做宝石的 230 余种，但高中档宝石只不过 20 多种。

行业内习惯将宝石分为钻石和有色宝石。

1 实习目的和要求

（1）熟练掌握常见宝石的鉴定特征；
（2）熟练使用常规宝石鉴定仪器对宝石进行测试；
（3）学会正确对测试结果进行解释并定名。

2 知识准备

宝石的鉴定特征和测试参数。

3 实习仪器

10 倍放大镜，镊子，宝石鉴定光源（钻石灯或者台灯），宝石擦拭布，显微镜，折射仪，分光镜，偏光镜，二色镜，查尔斯滤色镜，紫外荧光灯，比重天平及配套部件，计算器，偏光镜。

4 实习内容

（1）正确观察和测试待测宝石标本；
（2）利用图示描述观察和测试的结果，给出正确结论。

5 实习项目

1）钻石及其仿制宝石

实习项目4.1 钻石的鉴定

鉴定项目		鉴定结果
成分		矿物成分：金刚石； 化学成分：主要元素为C，可含有N、B、H等微量元素。Ⅰ型含N，Ⅰa型含有聚合N，Ⅱb型含有孤氮，Ⅱ型不含N或者含极少量的N，Ⅱa型不含N、B，Ⅱb型含B
肉眼观察	颜色	分为开普(Cape)系列和彩色(Fancy)系列。开普系列以无色为主，带有淡黄、浅黄、浅褐、浅灰等色调；彩色系列有明显色彩，包括黄、褐、灰及浅至深的蓝、绿、橙、粉红、红、紫红、黑等
	光泽	金刚光泽
	透明度	宝石级的大都是透明的，近宝石级或者工业级可以是半透明到不透明
	色散	0.044，较高，肉眼可观察到明显火彩
	琢型	常见琢型为各种明亮琢型，此外还有各种阶梯琢型、玫瑰琢型等，极少见菩萨琢型等雕刻琢型。开普系列圆明亮琢型最为常见；彩色系列为保重多为异形切割。近些年随着市场的发展，开始出现一些异形的花式切割，但基本上都是以明亮琢型和阶梯琢型为基础
放大检查	内、外部特征	常见的内部特征：点状包体、“云状”物、浅色包裹体、深色包裹体、内部纹理、内凹原始晶面、羽状纹、“须状”腰、空洞、破口、击痕、激光孔等； 常见外部特征：原始晶面、额外刻面、抛光纹、刮伤、烧痕、缺口、棱线磨损、表面纹理、商业激光标识等
常规仪器测试	偏光效应	全暗或者异常消光；理想比例的圆多面形钻石由于全内反射原理，测试时要避免从台面向下观察。钻石很少用这种测试方法
	折射率	折射率(*RI*)：2.417，光学各向同性。折射仪上通常显示负读数(高密度铅玻璃做台面的折射仪由于硬度较低不宜测量钻石)
	分光镜下的吸收光谱	开普系列可见415 nm处吸收线(手持式分光镜几乎观察不到)
	紫外荧光灯下的发光性	荧光变化，强度从惰性到强。多数钻石长波紫外光下荧光强于短波，荧光颜色多见蓝白色，也有紫色、绿色、黄色和红色。Ⅰ型钻石以蓝色到浅蓝色荧光为主；Ⅱ型钻石以黄色、黄绿色荧光为主。具有明亮蓝色荧光的钻石总是显示黄色的磷光。蓝白色荧光一般情况下会提高钻石的色级，但荧光过强，会影响钻石的透明度，降低钻石的净度，也就是俗称的“奶油钻”。 蓝色钻石的荧光短波强于长波，可显示红色、橙色、黄色和绿色荧光，短波紫外光下可显示红色磷光
	比重(*SG*)	3.52，通常变化不大
	硬度(*H*)	10。具有差异硬度，一般八面体方向＞菱形十二面体方向＞立方体方向。此外，无色透明钻石的莫氏硬度略高于彩色钻石。研究表明，在同等强度的紫外线照射下，不发荧光的钻石莫氏硬度最高，发浅蓝色荧光的钻石莫氏硬度相对较低，发黄色荧光的钻石居中

（续表）

鉴定项目	鉴定结果
其他测试方法	压线反应；哈气实验；亲油性测试；钻石确定仪；钻石观测仪；热导仪；反射仪
红外光谱	反射光谱中可见 1 282 cm^{-1} 处双原子氮红外吸收峰，1 175 cm^{-1} 处集合体氮红外吸收峰，1 365 cm^{-1}、1 370 cm^{-1} 处片晶氮红外吸收峰，1 130 cm^{-1} 处孤氮红外吸收峰，2 800 cm^{-1} 处硼红外吸收峰，据此可以判断钻石的类型
紫外可见光谱	可见 415 nm 处锐吸收锋（N_3 色心），476 nm 处吸收峰（N_2），开普系列钻石还可见 465 nm、452 nm、435 nm、423 nm 处吸收峰（N_2）
拉曼光谱	可见 1 332 cm^{-1} 处吸收峰

实习项目 4.2　合成钻石的鉴定

鉴定项目		鉴定结果
成分		矿物成分：金刚石； 化学成分：主要元素为 C，可含 N、B、H、Si、Ni 等微量元素
肉眼观察	颜色	无色、黄色、蓝色、紫红色、褐黄色等
	光泽	金刚光泽
	透明度	透明
	色散	0.044，较高，肉眼可观察到明显火彩
	琢型	常见琢型为各种明亮琢型，此外还有各种阶梯琢型、玫瑰琢型等
放大检查	内、外部特征	结晶习性：高温高压合成钻石（简称 HPHT 合成钻石）多为八面体{111}与立方体{100}的聚形，晶面常出现树枝状、阶梯状生长纹；化学气相沉淀法合成钻石（简称 CVD 合成钻石）呈板状，{100}面发育，{111}和{110}面不发育。鉴定特征如下： （1）HPHT 合成钻石内部可见籽晶、金属包裹状体，部分样品能够被磁铁吸引； （2）HPHT 合成钻石可见呈云雾状分布的点状包裹状体； （3）HPHT 合成钻石可见与生长区相对应的色带或色块及停车状或沙漏状生长纹； （4）CVD 合成钻石内部可见点状包裹体，有时可见不均匀色带； （5）仔细观察钻石的腰棱处，可能看到检测机构标刻的“laboratory-grown”的标识
常规仪器测试	偏光效应	全暗，CVD 合成钻石常见异常消光
	折射率	折射率（*RI*）：2.417，光学各向同性。折射仪上通常显示负读数（高密度铅玻璃做台面的折射仪由于硬度较低不宜测量钻石）
	分光镜下的吸收光谱	无 415 nm 处吸收线
	紫外荧光灯下的发光性	长波：HPHT 合成钻石常呈惰性，CVD 合成钻石呈弱橘黄色、弱黄绿或惰性； 短波：HPHT 合成钻石常呈由无至强的淡黄色、橙黄色、绿黄色、绿蓝色等不均匀的荧光，部分有磷光，CVD 合成钻石呈弱橘黄色、弱黄绿色或惰性荧光，通常短波荧光强于长波
	比重（*SG*）	3.52（±0.01）
	硬度（*H*）	10

（续表）

鉴定项目		鉴定结果
红外光谱		合成钻石本征吸收峰位于 1 500～2 680 cm^{-1}，由 C—C 键振动所致的特征红外吸收峰分别位于 2 030 cm^{-1}、2 160 cm^{-1} 及 2 350 cm^{-1} 等处。HPHT 合成黄色钻石主要为 Ⅰb 型，HPHT 合成无色钻石为 Ⅱa 或 Ⅱa＋Ⅱb 型，HPHT 合成蓝色钻石为 Ⅱb 型。CVD 合成钻石主要为 Ⅱa 型，当合成过程中加入 N 时为 Ⅰb 型，加入 B 时为 Ⅱb 型
紫外可见光谱		230 nm、270 nm 处吸收峰与钻石的孤氮有关，其中 270 nm 处吸收峰可以作为高温高压处理的辅助证据。882 nm、884 nm 附近吸收峰与 Ni 相关，多出现在合成钻石中。CVD 合成钻石的紫外可见光谱中，230 nm、270 nm 处吸收峰往往同时出现，且可伴随出现 737 nm(736.6 nm、736.9 nm)附近由[Si—V]导致的吸收峰
拉曼光谱		拉曼特征吸收峰在 1 332 cm^{-1} 处
光致发光光谱		HPHT 合成钻石多具由 Ni 缺陷导致的发光峰，低温(液氮)条件下在 883.2 nm、884.9 nm 处常可见发光双峰。CVD 合成钻石多具与[Si—V]缺陷有关的发光峰，低温(液氮)条件下在 737.6 nm、737.9 nm 处可见发光双峰
发光图像		阴极发光或超短波紫外线照射下，HPHT 合成钻石多呈明显的生长分区特征，不同生长区发出不同颜色的荧光；CVD 合成钻石多呈橙黄、橙红、蓝绿、绿蓝、蓝紫等颜色，可见与生长有关的条纹
优化处理		HTHP 或者 CVD 合成钻石可以通过辐照＋热处理改变颜色。HPHT 合成钻石可以通过辐照变成绿色，随后的热处理可变成粉色和红色；含硼的合成蓝色钻石可以通过热处理变成橘色。CVD 合成钻石大多为褐色，后期通过 HPHT 处理可以去除色调变成近乎无色，辐照和热处理后大部分 CVD 合成钻石会由于 N 的空穴色心而呈现粉红色，极少数也可能呈现蓝色
优化处理方法	激光处理	激光打孔：通常从冠部打孔，用激光烧一条包裹体通道(最新的技术通道的直径仅 0.015 mm)，然后用酸处理包裹体，之后用玻璃或者环氧树脂充填通道。放大检查，冠部可见连续性中断的黑点；从侧面观察可见激光通道。 KM 激光处理法：用激光加热包裹体，使应力裂隙延伸到钻石的表面，用酸处理裂隙去除深色的包裹体。深色包裹体应靠近表面，最好有张性裂缝存在。放大检查可见“之”字形横向管道通到表面的裂隙(蜈蚣状包裹体)，垂直包裹体两侧伸出很多裂隙，连续裂隙中有未被处理掉的零星的黑色残留物
	充填处理	钻石常用铅玻璃充填以掩盖裂隙。充填物带黄色调，会降低钻石的色级；可观察到干涉色闪光，暗域照明下为黄橙色到紫红色闪光，亮域下为蓝到绿色闪光；玻璃充填物中可见扁平气泡、流动构造。 (1) X 光照相：X 光照相在检测钻石充填裂隙方面可以得出准确的结论，同时还可用来确定充填处理的程度及充填物因首饰修理过程加热被破坏的位置； (2) X 荧光能谱：X 荧光能谱仪可以检测充填物中的微量元素(特别是 Pb)并可提供准确可靠的证据
	高温高压处理	当 Ⅱa 型钻石因结构缺陷呈现褐色时，高温高压下可修复成无色。鉴定特征如下： (1) 褐或灰色调，具有稍呈雾状的外观； (2) 腰部可能具有激光标志(如 GE-POL)； (3) 高倍放大可见内部纹理、部分愈合裂缝、解理和不常见的包裹体。 含氮钻石处理后为强黄色到黄绿色，显示强绿色荧光(Nova 钻石)

（续表）

鉴定项目		鉴定结果
优化处理方法	辐照处理	某些钻石可以通过辐照改变或破坏晶体结构发生颜色变化，随后加热可使颜色再次改变。Ⅰa 型钻石（淡粉红色）可出现红色、紫红色；Ⅱa 型钻石（透明度低，灰色）可出现深蓝色。经过辐照处理的钻石一般红外光谱测试可见 741 nm 处（GRⅠ）吸收谱线。此外不同的辐照方法还可能有其他鉴定特征，如回旋加速器处理的钻石从顶部观察可显示“伞状”色带；仔细观察钻石的腰棱处，可能看到检测机构标刻的“treated color”的标识
	染色、涂层、贴箔	古老的处理方法，目的是通过染色、涂层或者贴箔的方法使钻石的颜色更白或者出现彩色，现在比较少见。处理位置通常在腰部及以下位置，可通过放大检查寻找染色、涂层或者贴箔的痕迹
	镀膜	比较常见的是在钻石或者仿制品表面镀上一层钻石薄膜，以达到如下效果： (1) 提高和维持钻石的级别，如在一颗 0.99 ct 的钻石表面通过 CVD 法沉积生长一层钻石薄膜，使钻石达到 1 ct 以上，从而提高该钻石的价值。 (2) 提高宝石的耐磨性。在一些不耐磨的宝石如鱼眼石，坦桑石、蓝晶石上沉积钻石膜以提高其耐磨性，也可以用来“密封”天然蛋白石表面，以防止蛋白石脱水产生龟裂。 (3) 提高仿制宝石的水平，如在立方氧化锆上生长一层无色透明的钻石膜以提高仿制钻石的水平。 其鉴定特征如下。 (1) 放大观察：仔细观察钻石的表面，膜具有粒状结构，而天然钻石通常不存在粒状结构； (2) 仪器测定：可利用拉曼光谱测定，天然钻石和镀膜钻石的拉曼光谱特征具有很大差异； (3) 对于立方氧化锆或其他低热导率宝石上的钻石膜，只要它很薄仍可用热导仪测其热导率来加以鉴定
	拼合	钻石的拼合石通常是天然钻石做顶，合成或者仿制钻石做底，偶见破碎的钻石被粘合在一起（GIA 卡尔斯巴德实验室检测过一枚重约 1.38 ct 的马眼形刻面钻石，钻石台面上可见一条较大的裂隙和一个空洞。用宝石显微镜检查后发现这颗钻石断裂成了两半，然后被黏合剂又粘到了一起）。拼合石通常在镶嵌的时候会将拼合缝隐藏起来，增加检测的难度。一般鉴定特征如下： (1) 在宝石台面上放置一个小针尖，就会看到两个反射像，一个来自台面，另一个来自结合面，而天然钻石不会出现这种现象； (2) 放大观察，在拼合的不同材料位置，可能观察到光泽、火彩、磨损以及包裹体的明显差异； (3) 在腰棱附近的位置，还可能观察到拼合缝的存在

实习项目 4.3　合成金红石的鉴定

鉴定项目		鉴定结果
成分		TiO_2
肉眼观察	颜色	浅黄色，也可呈蓝、蓝绿、红色、橙等色
	光泽	亚金刚光泽至亚金属光泽
	透明度	透明到半透明
	色散	0.330，远高于钻石，肉眼可观察到明显火彩
	琢型	常见琢型为各种明亮琢型，此外还有各种阶梯琢型等

（续表）

鉴定项目		鉴定结果
放大检查	内、外部特征	通常洁净，偶见气泡；可以观察到明显的小面边棱的重影和刻面棱磨损
常规仪器测试	偏光效应	四明四暗，一轴晶干涉图
	折射率	折射率(*RI*)：2.616～2.903；双折射率(*DR*)：0.287，U+
	多色性	浅黄色品种具有弱多色性：浅黄，无色
	分光镜下的吸收光谱	黄色、蓝色宝石在 430 nm 以下全吸收
	比重(*SG*)	4.26±0.03
	硬度(*H*)	6～7，较低，易磨损
红外光谱		可见 629 cm^{-1}、527 cm^{-1} 处典型的红外反射峰
紫外可见光谱		蓝色的合成金红石可见 240 cm^{-1}、419 cm^{-1} 等处吸收峰
拉曼光谱		可见 234 cm^{-1}、446 cm^{-1}、607 cm^{-1} 处吸收峰

实习项目 4.4　合成立方氧化锆的鉴定

鉴定项目		鉴定结果
成分		ZrO_2，常含有 CaO 或 Y_2O_3 等稳定剂及多种致色元素
肉眼观察	颜色	各种颜色，常见无色、粉、红、黄，橙、蓝、黑等
	光泽	亚金刚光泽
	透明度	透明到半透明
	色散	0.060，色散强，高于钻石，肉眼可观察到明显火彩
	琢型	常见琢型为各种明亮琢型，此外还有各种阶梯琢型等
放大检查	内、外部特征	通常洁净，可含未熔融氧化锆残余，有时呈“面包渣”状，偶见气泡
常规仪器测试	偏光效应	全暗
	折射率	折射率(*RI*)：2.150(+0.030)；双折射率(*DR*)：无
	分光镜下的吸收光谱	依致色元素不同而变化，稀土谱线常见
	紫外荧光灯下的发光性	因颜色而异。 (1) 无色品种：短波下弱至中等黄色荧光； (2) 橙黄色品种：长波下中至强绿黄或橙黄色荧光
	比重(*SG*)	5.80(±0.20)，约是钻石的两倍，同样重量下，立方氧化锆体积比钻石显小
	硬度(*H*)	8.5

（续表）

鉴定项目	鉴定结果
红外光谱	常见 620 cm^{-1} 处吸收峰
紫外可见光谱	红色、紫色品种未见明显吸收；浅蓝色品种在可见光区域可见数条吸收线，与致色元素有关
拉曼光谱	呈现较强的荧光背景，不同颜色的品种其拉曼光谱荧光背景存在差异

实习项目 4.5　合成碳硅石（莫桑石）的鉴定

鉴定项目		鉴定结果
成分		SiC
肉眼观察	颜色	无色或略带浅黄、浅绿色调，绿、黑等
	光泽	亚金刚光泽
	透明度	透明到半透明
	色散	0.104，远高于钻石，肉眼可观察到明显火彩
	琢型	常见琢型为各种明亮琢型，此外还有各种阶梯琢型等
放大检查	内、外部特征	白色点状、针状包裹体，可见刻面棱重影（莫桑石切磨的时候台面通常垂直于光轴，观察重影注意避开光轴方向）
常规仪器测试	偏光效应	四明四暗，一轴晶干涉图
	折射率	折射率（*RI*）：2.648～2.691，双折射率（*DR*）：0.043；U+
	紫外荧光灯下的发光性	长波紫外光下呈无至橙色荧光
	比重（*SG*）	3.22（±0.02）
	硬度（*H*）	9.25，不易磨损
特殊性质		导热性强，热导仪测试可发出鸣响
红外光谱		反射光谱中，可见 860 cm^{-1} 附近吸收峰
紫外可见光谱		345 nm 附近宽吸收带
拉曼光谱		203 cm^{-1}、609 cm^{-1}、775 cm^{-1}、963 cm^{-1} 处典型拉曼峰（属于 4H—SiC 型）

实习项目 4.6　人造钇铝榴石的鉴定

鉴定项目		鉴定结果
成分		$Y_3Al_5O_{12}$
肉眼观察	颜色	无色、绿（可具变色效应）、蓝、粉红、红、橙、黄、紫红等
	光泽	玻璃光泽至亚金刚光泽
	透明度	透明到半透明
	色散	0.028，中等，火彩不明显
	琢型	常见琢型为各种明亮琢型，此外还有各种阶梯琢型等

（续表）

鉴定项目		鉴定结果
肉眼观察	特殊光学效应	变色效应
放大检查	内、外部特征	内部干净，偶见气泡
常规仪器测试	偏光效应	全暗
	折射率	折射率（*RI*）：1.833（±0.010），折射仪测量为负读数
	分光镜下的吸收光谱	浅粉色及浅蓝色品种在600～700 nm区域有多个吸收峰
	紫外荧光灯下的发光性	无色品种：长波紫外光下呈无至中等橙色荧光，短波紫外光下呈无至红橙色荧光； 粉红色、蓝色品种：无； 黄绿色品种：强黄色，可具磷光； 绿色品种：长波紫外光强红色荧光，短波紫外光下弱红色荧光
	比重（*SG*）	4.50～4.60
	硬度（*H*）	8
红外光谱		反射光谱中，可见820 cm^{-1}、744 cm^{-1}、702 cm^{-1}、573 cm^{-1}、525 cm^{-1}、490 cm^{-1}处典型吸收峰；透射光谱中，3 500～4 000 cm^{-1}区域内具有多个明显吸收峰
紫外可见光谱		484 nm处强吸收峰及606 nm处弱吸收峰
拉曼光谱		320 cm^{-1}、387 cm^{-1}、461 cm^{-1}、730 cm^{-1}、809 cm^{-1}、844 cm^{-1}、953 cm^{-1}处典型拉曼峰

实习项目4.7 人造钆镓榴石的鉴定

鉴定项目		鉴定结果
成分		$Gd_3Ga_5O_{12}$
肉眼观察	颜色	通常无色至浅褐或黄色
	光泽	玻璃光泽至亚金刚光泽
	透明度	透明到半透明
	色散	0.045，色散强，肉眼可观察到明显火彩
	琢型	常见琢型为各种明亮琢型，此外还有各种阶梯琢型等
放大检查	内、外部特征	气泡，三角形板状金属包体
常规仪器测试	偏光效应	全暗
	折射率	折射率（*RI*）：1.970（+0.060），折射仪测量为负读数
	分光镜下的吸收光谱	取决于体色和致色元素

（续表）

<table>
<tr><td colspan="2">鉴定项目</td><td>鉴定结果</td></tr>
<tr><td rowspan="3">常规仪器测试</td><td>紫外荧光灯下的发光性</td><td>短波：中至强的粉橙色荧光</td></tr>
<tr><td>比重（SG）</td><td>7.05（+0.04，−0.10）</td></tr>
<tr><td>硬度（H）</td><td>6～7</td></tr>
<tr><td colspan="2">红外光谱</td><td>中红外区具人造钆镓榴石特征红外吸收谱带</td></tr>
<tr><td colspan="2">紫外可见光谱</td><td>不特征</td></tr>
</table>

实习项目 4.8　人造钛酸锶的鉴定

<table>
<tr><td colspan="2">鉴定项目</td><td>鉴定结果</td></tr>
<tr><td colspan="2">成分</td><td>$SrTiO_3$</td></tr>
<tr><td rowspan="5">肉眼观察</td><td>颜色</td><td>无色、绿色等</td></tr>
<tr><td>光泽</td><td>玻璃光泽至亚金刚光泽</td></tr>
<tr><td>透明度</td><td>透明到半透明</td></tr>
<tr><td>色散</td><td>0.190，色散强，远高于钻石，肉眼可观察到明显火彩</td></tr>
<tr><td>琢型</td><td>常见琢型为各种明亮琢型，此外还有各种阶梯琢型等</td></tr>
<tr><td>放大检查</td><td>内、外部特征</td><td>棱角易磨损，抛光差（莫氏硬度很低）；偶见气泡</td></tr>
<tr><td rowspan="5">常规仪器测试</td><td>偏光效应</td><td>全暗</td></tr>
<tr><td>折射率</td><td>折射率（RI）：2.409，折射仪测量为负读数</td></tr>
<tr><td>分光镜下的吸收光谱</td><td>取决于体色和致色元素</td></tr>
<tr><td>比重（SG）</td><td>5.13（±0.02）</td></tr>
<tr><td>硬度（H）</td><td>5～6，远低于钻石，易磨损</td></tr>
<tr><td colspan="2">红外光谱</td><td>反射光谱中，可见 658 cm^{-1} 处典型吸收峰；透射光谱中可见 3 495 cm^{-1}、3 381 cm^{-1}、3 356 cm^{-1} 等处吸收峰</td></tr>
<tr><td colspan="2">紫外可见光谱</td><td>372 nm 附近吸收带</td></tr>
</table>

2）常见彩色宝石

实习项目 4.9　刚玉的鉴定

鉴定项目	鉴定结果
成分	矿物成分：刚玉；化学成分：Al_2O_3

（续表）

鉴定项目		鉴定结果
肉眼观察	光泽	明亮的玻璃光泽到亚金刚光泽
	透明度	透明到半透明
	色散	0.018，较低，肉眼观察不到明显火彩
	特殊光学效应	星光效应（六射、十二射，偶见二十四射），达碧兹，猫眼效应比较罕见
	琢型	多为明亮琢型和阶梯琢型，其中椭圆明亮琢型最为常见。具有特殊光学效应的宝石会加工成弧面形。少见雕件，多用于印度风格的珠宝镶嵌
常规仪器测试	偏光效应	四明四暗，一轴晶干涉图
	折射率	折射率（*RI*）：1.762～1.770，双折射（*DR*）：0.008～0.010，U－
	比重（*SG*）	约为 4
	硬度（*H*）	9，不透明星光宝石硬于普通蓝宝石，蓝宝石硬于红宝石

实习项目 4.10　红宝石的鉴定

鉴定项目		鉴定结果
肉眼观察	颜色	传统宝石学中红宝石的颜色被限定在一个较窄的范围内，根据中国《珠宝玉石鉴定》（GB/T 16553—2017）划分标准，红宝石的颜色包括红色、橙红色、紫红色、褐红色
放大检查	内外部特征	包裹体可以帮助鉴定产地，常见气液包裹体，指纹状包裹体，矿物包裹体，色带，生长纹，双晶纹，负晶，丝状包裹体，针状包裹体，雾状包裹体
常规仪器测试	多色性	二色性，粉红、红色和橙红色，强弱取决于宝石体色的深浅
	分光镜下的吸收光谱	铬谱，红区常见两到三条吸收线，其中一条很明显，黄绿区普遍吸收，蓝区双线。红区最左端可能有白色的发射亮线，当用反射光观察时尤为明显
	查尔斯滤色镜下特征	红色
	紫外荧光灯下的发光性	长波：弱至强，红、橙红。 短波：无至中的红、粉红、橙红，少数强红。 荧光可以作为产地的辅助鉴定特征，如缅甸产红宝石通常具有红色荧光，而莫桑比克产红宝石由于铁含量高而呈惰性，但也有很多例外，解释要慎重
红外光谱		主要表现为 500～1 000 cm^{-1} 波段内强且宽的吸收带和 500 cm^{-1}、465 cm^{-1} 处吸收峰
紫外可见光谱		695 nm 处荧光峰，558 nm、409 nm 附近吸收带，387 nm、450 nm 处吸收峰
拉曼光谱		577 cm^{-1}、644 cm^{-1}、749 cm^{-1}、380 cm^{-1}、418 cm^{-1} 及 431 cm^{-1} 处吸收峰

实习项目 4.11　蓝宝石的鉴定

鉴定项目		鉴定结果
肉眼观察	颜色	根据 1989 年曼谷国际有色宝石协会(ICA)年会划分原则,所有具有红色色彩的刚玉类宝石划分为红宝石,其他颜色划分为蓝宝石,包括蓝、蓝绿、绿、黄、橙、粉、紫、黑、灰、无色等
放大检查	内、外部特征	包裹体可以帮助鉴定产地,常见气液包裹体,指纹状包裹体,矿物包裹体,色带,生长纹,双晶纹,负晶,丝状包裹体,针状包裹体,雾状包裹体
常规仪器测试	多色性	常具有强的二色性,具体因颜色而异。 蓝色:蓝,绿蓝; 绿色:绿,黄绿; 黄色:黄,橙黄; 橙色:橙,橙红; 粉色:粉,粉红; 紫色:紫,紫红
	分光镜下的吸收光谱	天然绿到蓝色蓝宝石为 Fe 致色,天然蓝色蓝宝石为 Fe 和 Ti 致色,表现为蓝区有三条吸收带(往往合并为一条宽带)
	紫外荧光灯下的发光性	蓝色:长波,无至强。 橙红;短波,无至弱,橙红。 粉色:长波,强,橙红,短波,弱,橙红。 橙色:通常无,长波下可呈强,橙红。 黄色:长波,无至中,橙红、橙黄;短波,弱红至橙黄。产于斯里兰卡的近无色、黄色和金黄色的蓝宝石大都在长波紫外光下发杏黄色或橙色荧光,据此可与澳大利亚类似颜色的蓝宝石相区分(不发荧光)。 紫色、变色:长波,无至强,红;短波,无至弱,红。 无色:无至中,红至橙。 黑色、绿色:无
红外光谱		反射光谱吸收峰集中在 1 000 cm^{-1} 以内的区域,天然浅色蓝宝石可见 649 cm^{-1} 处吸收峰;透射光谱吸收峰在 3 311 cm^{-1}、3 309 cm^{-1} 处
紫外可见光谱		蓝、绿、黄色:以 450 nm 附近为中心的吸收带或 450 nm, 460 nm, 470 nm 处吸收峰;粉、紫及变色蓝宝石具红宝石和蓝色蓝宝石的吸收带
拉曼光谱		379 cm^{-1}、417 cm^{-1}、644 cm^{-1} 处吸收峰

实习项目 4.12　合成刚玉的鉴定

鉴定项目		鉴定结果
外观		颜色明亮均匀、重量大、净度好、切工差,价格低于市场正常价格
内、外部特征	焰熔法	气泡通常是球形,但可能会变形为蝌蚪状,可单独出现,也可能聚集在一起呈云状;平行的弯曲结构线或色带;面包碎屑状包裹体(未熔融的粉末);合成红宝石切磨时台面常平行于光轴,因此从台面观察其常呈粉红色;由于抛光不仔细,宝石表面可能出现"颤痕"

（续表）

鉴定项目		鉴定结果
内、外部特征	熔剂法	助熔剂包裹体，羽状裹体、指纹状包裹体、油彩色斑、糖浆状纹理和彗星状包裹体；三角形、六边形的铂金属片、籽晶
	水热法	籽晶；锯齿状生长纹（又称沙波纹或者热雾状结构）；色带；金黄色金属包裹体；无色透明的纱网状包裹体或钉状包裹体
红外光谱		中红外区具有刚玉中 Al—O 振动所致的特征红外吸收带；水热法合成红宝石在官能团区（如 OH^-、矿化剂等）的红外吸收带与天然红宝石有差异。提拉法合成蓝宝石缺失 649 cm^{-1} 附近的吸收峰但出现 640 cm^{-1} 附近的吸收峰
紫外可见光谱		合成蓝宝石缺失 388 nm、450 nm 附近的吸收；黄色合成蓝宝石可见 600 nm 附近弱吸收，500 nm 以内基本全吸收；合成变色蓝宝石中可见明显 Cr 谱
拉曼光谱		合成蓝宝石的拉曼峰与天然蓝宝石基本一致，合成变色蓝宝石样品可见 378 cm^{-1}、416 cm^{-1}、577 cm^{-1}、749 cm^{-1}、1 356 cm^{-1} 处吸收峰

实习项目 4.13　处理后刚玉的鉴定

处理方法	鉴定结果
染色	将颜色浅淡、裂隙发育的宝石放入有机染料溶液中浸泡、加热，使之染色。放大检查可见颜色分布不均匀，多在裂隙间或表面凹陷处富集；长、短波紫外光下，染料可产生特殊荧光；无明显多色性；紫外可见光谱可见异常；经丙酮或无水乙醇等溶剂擦拭可掉色；红外光谱可以准确鉴定
充填处理	早期充填油或者胶，目前普遍充填铅玻璃。放大检查可见充填部分表面光泽与主体宝石有差异；注油处理后在包装纸上可能发现油的痕迹，热针探测时可能有油滴从裂隙处溢出；玻璃充填常见蓝色干涉色闪光、气泡；红外光谱和拉曼光谱测试可见充填物特征峰；发光图像分析（如紫外荧光观察仪等）可观察充填物分布状态；成分分析仪器（如 X 射线荧光光谱分析仪等）能检测出外来元素（如铅、铋等）含量异常
热处理	热处理是刚玉类宝石最为常见的处理方法，在不同的条件下有针对性地加热处理，可以加深颜色，也可以淡化颜色，还可以减少或者消除杂色调，改善净度，以及增强或者减弱星光效应。热处理主要根据宝石表面或者内部细微的热损伤来判断，如热处理后，晶体包裹体会变成白色雪球状，放大检查晶体通常为局部被熔融，内部固体包裹体周围出现片状、环状应力裂纹，负晶外围呈熔蚀状或浑圆状，丝状和针状包裹体呈断续丝状或微小点状，蓝宝石色带会变得模糊。表面（特别是腰棱处）可见凹坑和麻点，有时见双层腰，有些热处理蓝宝石在短波紫外光下呈弱蓝绿或弱绿白色荧光。必要的时候需要借助大型仪器进行分析判断。有些刚玉热处理时需要加入助熔剂辅助处理，低熔点的化学试剂在热处理过程中沿宝石表面的开放裂隙渗入宝石中，通过熔融和重结晶作用使裂隙发生愈合，进而提高宝石的透明度和净度，鉴定特征如下：热处理的常见特征；不规则的面纱状愈合裂隙，通常具有透明的反光面；短波紫外光下可能出现垩白色或者垩蓝色的荧光。行业内视充填情况的不同而分成不同的处理级别
热扩散处理	通过加热使致色元素进入宝石内部从而产生颜色或者产生星光效应。传统的表面扩散处理颜色仅进入宝石表面晶格，浸液检查可见颜色集中在腰棱和裂隙处；后期出现的铍扩散处理，又称体扩散，颜色可以深入到宝石内部较深的地方，有时整个宝石都可产生颜色。 （1）放大检查可见裂隙或凹陷处颜色富集。扩散处理的星光蓝宝石星线细而直，表层可见白点组成的絮状物。铍扩散的蓝宝石可见表面微晶化，锆石包体有重结晶现象。钴扩散蓝宝石表面可见浅蓝色斑点。

（续表）

处理方法	鉴定结果
热扩散处理	(2) 浸液或散射光放大检查可见颜色在棱线、腰棱或裂隙处富集，呈网状分布。铍扩散蓝宝石多不明显。 (3) 有些扩散处理的蓝色蓝宝石在短波紫外光下可见蓝白或蓝绿色荧光。 (4) 有些扩散处理的蓝色蓝宝石在 450 nm 附近无吸收，钴扩散蓝宝石可见钴的特征吸收带。 (5) 经成分分析仪器(如 LA-ICP-MS 等)检测，宝石表层所扩散的元素(如铍等)含量异常，由表及里浓度降低
辐照处理	无色、浅黄色和某些浅蓝色蓝宝石经辐照可产生深黄色或橙黄色，不稳定，不易检测

实习项目 4.14　绿柱石族宝石的鉴定

鉴定项目		鉴定结果
绿柱石族宝石		
成分		$Be_3Al_2Si_6O_{18}$，可含 Cr、Fe、Ti、V 等致色元素
肉眼观察	颜色	无色、绿、黄、浅橙、粉、红、蓝、棕、黑等
	光泽	玻璃光泽
	透明度	透明到半透明
	色散	0.014，低，肉眼观察不到明显的火彩
	特殊光学效应	猫眼效应、星光效应，砂金效应
	琢型	祖母绿和海蓝宝石多加工成阶梯琢型，其他颜色的绿柱石多为各种明亮琢型；特殊光学效应的加工成弧面形，除此之外还可见珠子、雕件，常用于印度风格的珠宝
常规仪器测试	偏光效应	四明四暗，可见一轴晶干涉图
	折射率	折射率(RI)：1.577～1.583；双折射率(DR)：0.005～0.009，U－
	多色性	体色的不同色调
	分光镜下的吸收光谱	祖母绿可见铬光谱，其他品种光谱不特征
	查尔斯滤色镜下特征	部分产地的祖母绿为红色；海蓝宝石为蓝绿色
	紫外荧光灯下的发光性	一般无荧光
	比重(SG)	大约为 2.72
	硬度(H)	7.5～8，祖母绿性脆
祖母绿		
肉眼观察	颜色	绿色，可带蓝色调或者黄色调

（续表）

鉴定项目		鉴定结果
放大检查	内、外部特征	可辅助鉴定产地，常见气液包裹体，三相包裹体，矿物包裹体，生长纹，色带，裂隙较发育。 达碧兹祖母绿：显六射的放射状构造，中间是绿色六边形晶体，由晶体向外生长六个颜色相同的带。达碧兹大多数都产自哥伦比亚，近年来巴基斯坦也有发现
常规仪器测试	多色性	中等到强二色性，蓝绿和黄绿
	查尔斯滤色镜下特征	哥伦比亚的祖母绿显红或粉红色
	特征光谱	典型的铬谱：红区 683 nm、680 nm 处强吸收峰，662 nm、646 nm 处弱吸收峰，580～630 nm 部分见吸收带，紫光区吸收
合成祖母绿		
外观		颜色明亮均匀、重量大、净度好、切工差，价格低于市场正常价格
内、外部特征	助熔剂法	折射率(*RI*)：1.561～1.568，双折射率(*DR*)：0.003～0.004，许多助熔剂法合成祖母绿具有比天然祖母绿低的 *RI* 和 *SG*；不同于天然祖母绿中见到的羽状体，助熔剂法合成祖母绿中的包裹体也可见云翳状或花边状羽状体，但通常为弯曲或扭曲的，有来自坩埚的小的铂金片以及晶体包裹体、钉状包裹体和熔剂充填的孔洞和平直的生长纹。在查尔斯滤色镜下，某些合成祖母绿显示很明亮的红色。助熔剂法吉尔森型具 427 nm 处铁的吸收峰
	水热法	折射率(*RI*)：1.566～1.578，双折射率(*DR*)：0.005～0.006。包裹体可见籽晶、云翳状包裹体、硅铍石钉状包裹体、铂金小片、锯齿状条带、热雾状结构和生长特征；在查尔斯滤色镜下，某些合成祖母绿显示很明亮的红色
	再生法	无色绿柱石外层再生长合成祖母绿薄层，放大检查可见表面网状裂纹，侧面观察有多层分布现象
红外光谱		助熔剂法合成祖母绿在官能团区无 OH^- 振动所致的特征红外吸收带；水热法合成祖母绿在官能团区(如 OH^-、矿化剂等)的红外吸收带与天然祖母绿有差异，水热法合成祖母绿在 2 500～3 000 cm^{-1} 区域内有吸收(可能与 Cl^- 有关)；绿柱石族宝石充蜡后，显示 2 932 cm^{-1}、2 852 cm^{-1} 附近吸收峰，当绿柱石中的红外透射光谱中出现 2 800～3 000 cm^{-1} 处强吸收峰及 3 060 cm^{-1}、3 034 cm^{-1} 处双吸收峰时，充填海蓝宝石裂隙处可见 638 cm^{-1}、1 112 cm^{-1}、1 609 cm^{-1} 等处充填胶的特征组合峰，可作为绿柱石经过人工树脂充填的有利证据
紫外可见光谱		水热法合成祖母绿样品在 253 nm 和 263 nm 附近存在吸收峰
拉曼光谱		祖母绿拉曼峰位于 323 cm^{-1}(晶格振动)、400 cm^{-1}(Al-O 弯曲振动)、685 cm^{-1}(Si-O-Si 弯曲振动)、1 001 cm^{-1}(Be-O 伸缩振动)、1 067 cm^{-1}(Si-O 伸缩振动)； 达碧兹祖母绿基底现实祖母绿的拉曼组合峰，黑色碳质包裹体显示 1 312 cm^{-1} 或 1 348 cm^{-1} 和 1 590 cm^{-1} 处拉曼峰

实习项目 4.15　优化处理后的祖母绿的鉴定

优化处理方法	鉴定结果
充填处理	天然祖母绿常通过注油、蜡、环氧树脂来进行裂隙充填以改善净度。若充填物为无色油，为优化；充填有色油和环氧树脂为处理。对于注油处理，放大检查，油多呈无色至淡黄色，长波紫外光下可呈黄绿或绿黄色荧光，热针接触可有油析出；若充填物为蜡，热针接触可有蜡析出；若充填物为树脂，放大检查可见充填物部分表面光泽与主体宝石有异，充填处可见闪光、气泡。发光图像分析（如紫外荧光观察仪等）可观察充填物分布状态
染色处理	放大检查可见颜色分布不均匀，多在裂隙间或表面凹陷处富集；无明显多色性；紫外可见光谱可见异常
覆膜	放大检查可见表面光泽异常，局部可见薄膜脱落现象；*RI* 异常，红外光谱和拉曼光谱测试可见膜层特征峰
辐照处理	仅见报道，还没有详细的研究资料

实习项目 4.16　绿柱石的其他商业品种的鉴定

鉴定项目		鉴定结果
海蓝宝石		
肉眼观察	颜色	蓝色、绿色、绿蓝色，通常颜色较浅
放大检查	内、外部特征	气液包裹体，三相包裹体，矿物包裹体，平行管状包裹体（雨状包裹体），生长纹
常规仪器测试	多色性	弱到中等的二色性，蓝到绿和无色，或不同色调的蓝
	查尔斯滤色镜下特征	绿蓝色
优化处理	热处理	绿色或者绿蓝色品种可以通过加热处理变成蓝色，也可以增加宝石的透明度，处理后颜色稳定不褪色，商业上被定义为优化，可以借助紫外及红外光谱鉴定
	辐照处理	通常适用 γ 射线或者 X 射线对宝石进行辐射，使绿色变成蓝绿色，处理后通常比较稳定，但也有部分 γ 射线处理后的绿柱石可产生深钴蓝色，称为 Maxixe 型蓝色绿柱石，处理后宝石无反射性，但是颜色不稳定，通常在明亮的阳光下放置一到两周或在强度较低的照明条件下放置一段时间后几乎变为无色
	充填处理	裂隙发育的低品质的海蓝宝石可以通过充填处理掩盖裂隙或者增加稳定性，常见于珠子和雕刻品
粉红色绿柱石（摩根石）		
肉眼观察	颜色	桃红色、玫瑰色或者粉红色，锰致色
放大检查	内、外部特征	与海蓝宝石相似

（续表）

鉴定项目		鉴定结果
常规仪器测试	多色性	弱到中等二色性，粉红色到蓝粉红色
优化处理	热处理	摩根石常通过热处理去除黄色和橙色调，以产生更纯的粉色调，处理后颜色稳定不褪色，商业上被定义为优化，可以借助紫外及红外光谱鉴定
	辐照处理	辐射源通常为γ射线、高能电子和中子等。辐射处理摩根石最早在2010年日本市场上出现，颜色为浓艳的橙粉色，这种颜色在天然摩根石中比较少见。目前，辐射处理的颜色已经不仅仅局限于橙粉色，也有粉红色。处理后颜色稳定，不易检测，辐射性也通常处于安全水平
	充填处理	裂隙发育的低品质的摩根石可以通过充填处理掩盖裂隙或者增加稳定性，常见于珠子和雕刻品
黄色和金黄色绿柱石（金绿柱石）		
肉眼观察	颜色	从非常淡的柠檬黄色到深金黄色。以乌克兰产的最为常见和著名
放大检查	内、外部特征	与海蓝宝石相似
常规仪器测试	多色性	弱二色性，绿黄色和黄色或不同色调的黄色
其他绿柱石		
品种		红色绿柱石是锰致色，产自美国犹他州托马斯山脉，大颗宝石级晶体比较少见。褐色绿柱石、透绿柱石（无色）；Maxixe型绿柱石，空穴色心致色，深蓝色
红外光谱		反射光谱中，绿柱石可见1 230 cm^{-1}、816 cm^{-1}、760 cm^{-1}、688 cm^{-1}（Si-O-Si伸缩振动），1 020 cm^{-1}、965 cm^{-1}（O-Si-O伸缩振动）、600 cm^{-1}、530 cm^{-1}、492 cm^{-1}、460 cm^{-1}（Si-O弯曲振动）多处吸收峰；透射光谱可见3 000～3 800 cm^{-1}区域内吸收（OH^-和水）；绿柱石族宝石充蜡后，显示2 932 cm^{-1}、2 852 cm^{-1}处吸收峰，绿柱石中的红外透射光谱中出现2 800～3 000 cm^{-1}区域强峰及3 060 cm^{-1}、3 034 cm^{-1}处双峰；充填海蓝宝石裂隙处可见638 cm^{-1}、1 112 cm^{-1}、1 609 cm^{-1}等处充填胶的特征组合峰，可作为绿柱石经过人工树脂充填的有利证据
紫外可见光谱		黄色绿柱石可见835 nm附近吸收带，957 nm处吸收峰和350 nm处吸收带； 无色绿柱石经辐照处理可诱生黄色或橙黄色色心，由$[H^0]_1$心所致的特征吸收峰位于689 nm处，与晶体结晶方向无关，643 nm、627 nm、601 nm、586 nm、536 nm等处的吸收峰为F心所致，表现出明显的各向异性； 海蓝宝石在371 nm、427 nm处显示吸收峰（Fe^{3+}的d电子自旋允许跃迁）
拉曼光谱		绿柱石拉曼峰位于323 cm^{-1}（晶格振动）、398 cm^{-1}（Al—O弯曲振动）、686 cm^{-1}（Si—O—Si弯曲振动）、1 012 cm^{-1}（Be—O伸缩振动）、1 069 cm^{-1}（Si—O伸缩振动）处； 海蓝宝石拉曼峰位于323 cm^{-1}（晶格振动）、395 cm^{-1}（Al—O弯曲振动）、685 cm^{-1}（Si—O—Si弯曲振动）、1 067 cm^{-1}（Si—O伸缩振动）处

实习项目 4.17 合成绿柱石的鉴定

鉴定项目		鉴定结果
成分		$Be_3Al_2Si_6O_{18}$，可含 Mn、Fe、Ni、Cu、Zn、Ga 和 Rb，红色者还含 Ti、Cr
晶系		结晶习性：助熔法为六方柱状、水热法为板状
肉眼观察	颜色	红、紫、粉、浅蓝等
放大检查	内、外部特征	助熔剂法：助熔剂残余(面纱状、网状，有时呈小滴状)，铂金片，硅铍石晶体，均匀的平行生长面； 水热法：树枝状生长纹，钉状包体，硅铍石晶体，金属包体，无色籽晶片，平行线状微小的两相包体，平行管状相包体。
常规仪器测试	折射率	折射率(RI)：通常为 1.568～1.572(助熔剂法)或 1.575～1.581(水热法)； 双折射率(DR)：通常为 0.004～0.006
	多色性	红色：强二色性，橙红，紫红； 红紫色：强二色性，橙红，红紫
	比重(SG)	2.65～2.73
	硬度(H)	7.5～8

实习项目 4.18 金绿宝石的鉴定

鉴定项目		鉴定结果
金绿宝石		
成分		$BeAl_2O_4$，可含有 Fe、Cr、Ti 等元素
肉眼观察	颜色	浅至中等黄、黄绿、灰绿、褐至黄褐等，少见浅蓝色
	光泽	玻璃光泽至亚金刚光泽
	透明度	金绿宝石通常为透明到不透明，猫眼石呈亚透明到半透明，变石通常为透明
	色散	0.015，低，肉眼观察不到明显火彩
	特殊的光学效应	部分金绿宝石显示特征的猫眼效应和变色效应，星光效应有报道
	琢型	变石多为明亮琢型，其中椭圆明亮琢型最为常见；猫眼石可以加工成弧面形
放大检查	内、外部特征	金绿宝石内部主要有指纹状包裹体，也可见丝状包裹体。透明宝石可见阶梯状滑动面或双晶纹。猫眼石内部主要含大量平行排列的丝状包裹体，变石内部主要含有指纹状包裹体和丝状物
常规仪器测试	偏光效应	四明四暗，二轴晶干涉图；具有特殊光学效应的宝石可能会出现异常消光，如猫眼石因含有大量包裹体可出现全亮
	折射率	单折射率(RI)：1.746～1.755，双折射率(DR)：0.008～0.010，B+
	紫外荧光灯下的发光性	长波：无；短波：黄、绿黄色宝石通常为无至黄绿色；变石因含铬有弱荧光

（续表）

鉴定项目		鉴定结果
常规仪器测试	比重(*SG*)	3.73
	硬度(*H*)	8～8.5
猫眼石		
肉眼观察	颜色	猫眼石主要为黄色到黄绿色、灰绿色、褐色到褐黄色；
特殊光学效应		淡黄、蜜黄或绿、褐色透明品种显示好的猫眼效应。只有金绿宝石猫眼称为“猫眼石”
放大检查	内、外部特征	猫眼效应由极细的平行的针状体或空管所导致，此外还可能有丝状包裹体，气液包裹体，指纹状包裹体，负晶
多色性		深褐色宝石有强三色性，弱至黄，黄绿和褐
光谱		黄色、绿色和褐色品种由铁元素致色。铁元素掩盖了发光，提供了位于444 nm的宽线，这是诊断性吸收光谱
变石（亚历山大石）		
肉眼观察	颜色	变石在日光下为绿色，常带有黄色、褐色、灰色或者蓝色调；在白炽灯下呈现橙色或者褐红色到紫红色；变石猫眼为蓝绿色和紫褐色
放大检查	内、外部特征	气液包体，指纹状包体，丝状包体，双晶纹。变石猫眼既显示猫眼效应又有变色效应，猫眼效应与所有猫眼石一样是光从细针状或管状包裹体反射所致
常规仪器测试	多色性	变石显强三色性。日光下的多色性颜色：红、橙和绿色。当从一个多色性方向看时，变色效应最强
	分光镜下的吸收光谱	典型的铬谱，680 nm、678 nm处强吸收峰，665 nm、655 nm、645 nm处弱吸收峰，630～580 nm处部分吸收带，476 nm、473 nm、468 nm处弱吸收峰，紫光区吸收
	紫外荧光灯下的发光性	变石在短波和长波下显示弱的红色荧光
红外光谱		反射光谱具有典型的843 cm^{-1}、640 cm^{-1}、440 cm^{-1}处吸收峰，猫眼石具有793 cm^{-1}、646 cm^{-1}、434 cm^{-1}处吸收峰；透射光谱可见3 000～3 400 cm^{-1}区域吸收带
紫外可见光谱		吸收峰位于437～441 nm，部分样品可见565～590 nm区域弱吸收带
拉曼光谱		690～1 100 cm^{-1}吸收带，542 cm^{-1}为中心的/附近吸收带
钒金绿宝石		
基本特征		20世纪90年代发现于坦桑尼亚通杜鲁，目前常见的产地为坦桑尼亚、马达加斯加、斯里兰卡和缅甸，宝石呈现明亮鲜艳的薄荷绿色，钒元素致色
合成变石		
处理方法	助熔剂法	熔剂充填的孔洞和愈合裂隙；铂片晶、晶体和针状体；直生长线；平行籽晶面的尘状包裹体层
	丘克拉斯基法	气泡

实习项目 4.19　欧泊的鉴定

鉴定项目		鉴定结果
成分		$SiO_2 \cdot nH_2O$
肉眼鉴定	颜色	各种体色,变彩可从单一的蓝色变化到所有光谱色: (1) 浅色体色具有变彩的欧泊,可称为白欧泊; (2) 黑、深灰、蓝、绿、棕或其他深体色欧泊,可称为黑欧泊; (3) 橙、橙红、红色欧泊,可称为火欧泊,无变彩或少量变彩; (4) 具有变彩效应的无色透明至半透明欧泊,可称为晶质欧泊
	光泽	玻璃光泽至树脂光泽
	透明度	透明到不透明
	特殊光学效应	变彩效应、猫眼效应、乳光效应
	琢型	弧面形最为常见,火欧泊或者水晶欧泊多为一端凸起很高的双凸弧面形,此外还有珠子和随形
放大检查	内、外部特征	二相、三相气液包裹体,可含有石英、萤石、石墨、黄铁矿等矿物包裹体,针状角闪石(墨西哥);色斑呈不规则片状,边界平坦且较模糊,表面呈丝绢光泽。埃塞尔比亚欧泊可见蜂窝状结构
常规仪器测试	偏光效应	全暗,火欧泊常见异常消光
	折射率	折射率(*RI*):1.450(+0.020, −0.080),火欧泊可低至 1.37,通常为 1.42~1.43,近几年出现的埃塞俄比亚欧泊的 *RI* 可低至 1.39;双折射率(*DR*):无。多孔欧泊会被折射油损坏
	分光镜下的吸收光谱	绿色欧泊:660 nm、470 nm 处吸收峰,其他不特征
	紫外荧光灯下的发光性	黑欧泊多为惰性; 火欧泊:无至中等荧光,绿褐色,可有磷光; 白欧泊和普通欧泊在长波和短波紫外光下可显示白色、绿色、蓝色和褐色荧光,白欧泊可显示绿色磷光,合成无
	比重(*SG*)	黑、白欧泊,2.10;火欧泊,2.00;埃塞俄比亚欧泊的 *SG* 可低于 2.0,孔隙度大,具有吸水性
	硬度(*H*)	6
品种	贵欧泊	浅色或者深色背景下具有变彩的欧泊品种。10 倍放大镜下色斑上可见平行的色带,转动宝石时变彩的颜色会发生变化
	砾背欧泊	包含一层基底的贵欧泊,通常由于欧泊层太薄无法切磨使用而把连同基底一起切下来使用
	脉石欧泊	欧泊填充在基底岩石的裂缝或者孔隙中
	普通欧泊	没有变彩的欧泊,常称为蛋白石
	火欧泊	褐黄色、橙色或者红色体色的透明到半透明欧泊,可以有变彩也可以没有

（续表）

鉴定项目		鉴定结果
优化处理	拼合	欧泊拼合石有天然的也有人造的，天然欧泊二层石包括天然欧泊层和基底；人造欧泊二层石是在天然欧泊层下面镶嵌暗色的基底，三层石则是在二层石的顶部加上透明的盖子。二层石通常有较平的顶面，强顶光下放大检查可见拼合特征。欧泊拼合石镶嵌时常采用包镶和背封式镶嵌
	染色处理	糖处理：将欧泊浸入葡萄糖溶液，然后用硫酸脱水，可以达到染黑的目的。放大观察到色斑呈破碎的小块并仅呈现在欧泊表面；炭质染剂富集在裂隙处； 烟处理：用煤烟熏黑处理，放大观察褐色仅限于表面，密度较低，可见黑色物质剥落，有黏感，放大检查可见颜色分布不均匀，多呈微粒状在裂隙、粒隙间或表面凹陷处富集
	充填	注油、蜡或者树脂。有些品种的欧泊容易开裂，注油可以掩盖裂隙，但并不长久。现在常见注树脂或者硅胶。红外光谱测试可见充填物特征红外吸收谱带
	覆膜	放大检查可见表面光泽异常，局部可见薄膜脱落现象；*RI* 可见异常；红外光谱和拉曼光谱测试可见膜层特征峰
红外光谱		反射光谱，900～1 200 cm^{-1}（Si—O 伸缩振动峰），700～800 cm^{-1}（Si—O 对称伸缩振动峰），400～500 cm^{-1}（Si—O 弯曲振动峰）
紫外可见光谱		蓝色欧泊具有黄色、橘黄色变彩，吸收峰位于 260～510 nm 区域和 580 nm 处； 深蓝紫色欧泊在 250～590 nm 范围可见较多反射峰； 白色欧泊伴有浅紫色、橘红色变彩，可见 400 nm 附近、600 nm 附近吸收峰； 粉色欧泊可见 510 nm 处存在吸收带边，火欧泊可见 378 nm 处吸收峰； 合成黄色欧泊可见 443 nm 处存在吸收带边，合成蓝色欧泊可见 634 nm 处存在吸收带边，合成白色欧泊可见 420 nm、504 nm 处存在吸收带边
拉曼光谱		拉曼光谱鉴定意义不大

实习项目 4.20 合成蛋白石的鉴定

鉴定项目		鉴定结果
成分		$SiO_2 \cdot nH_2O$
肉眼鉴定	颜色	各种体色
	光泽	玻璃光泽至树脂光泽
	透明度	透明到半透明
	特殊的光学效应	变彩效应
	琢型	弧面形最为常见
放大检查	内、外部特征	吉尔森合成欧泊，变彩色斑呈柱状镶嵌状结构，边缘呈锯齿状，色斑可见蜥蜴皮或者蜂窝状结构，结构比天然欧泊疏松
常规仪器测试	偏光效应	全暗，可见异常消光
	折射率	折射率（*RI*）：1.43～1.47；双折射率（*DR*）：无

（续表）

鉴定项目		鉴定结果
常规仪器测试	分光镜下的吸收光谱	无
	紫外荧光灯的发光性	白欧泊长波下显示中等蓝白至黄色荧光，短波显示弱至强的蓝色至白色，没有磷光； 黑欧泊长波下惰性，短波下显示弱至强的黄色至黄绿白，无磷光
	比重（*SG*）	1.97～2.20
	硬度（*H*）	4.5～6
红外光谱		中红外区具蛋白石特征红外吸收谱带；合成欧泊在官能团区和近红外区的组合频及倍频振动所致的特征红外吸收谱带与天然欧泊有差异

实习项目 4.21　水晶的鉴定

鉴定项目		鉴定结果
成分		矿物成分：石英；化学成分：SiO_2，可含 Ti、Fe、Al 等元素
肉眼观察	颜色	无色，浅至深的紫，浅至深的黄，浅至深褐，浅至中粉红等，还可因含有包裹体而呈绿色、红色、蓝色、黄色等
	光泽	玻璃光泽，断口可具油脂光泽
	透明度	透明到不透明
	色散	0.013，低，肉眼观察不到明显火彩
	特殊的光学效应	有时因含三个方向定向排列的包裹体而显示星光效应，有时因石英中含有大量平行排列的纤维状包裹体而显示猫眼效应，当含有片状金属包裹体时，可显示砂金效应（如草莓石英）
	琢型	各种明亮琢型，还可见珠子、雕件，特殊光学效应的加工成弧面形
放大检查	内、外部特征	气液两相包体，三相包体，生长纹，色带，双晶纹，针状金红石、电气石等矿物包体，负晶。贝壳状断口，一般无解理
常规仪器测试	偏光镜效应	四明四暗，水晶具独特的干涉图，其分割干涉色色环的黑“十”字臂达不到中心，形成一种中空的图案，俗称牛眼干涉图；但紫水晶和黄水晶通常显示普通的一轴晶干涉图
	折射率	折射率（*RI*）：1.544～1.553；双折射率（*DR*）：0.009，U+
	多色性	弱到强二色性，取决于体色
	分光镜下的吸收光谱	不特征
	比重（*SG*）	2.66（+0.03，−0.02）
	硬度（*H*）	7

（续表）

鉴定项目		鉴定结果
红外光谱		反射光谱，水晶显示 900～1 200 cm^{-1} 区域内的 Si—O 伸缩振动谱带，800 cm^{-1}、782 cm^{-1} 附近的 Si—O 对称伸缩振动峰；透射光谱，可见 3 200～3 600 cm^{-1} 区域内的伸缩振动谱带（水或 OH^-），天然无色水晶可见 3 595 cm^{-1}、3 484 cm^{-1} 附近特征吸收峰；天然紫水晶可见 3 595 cm^{-1} 附近特征吸收峰
紫外可见光谱		紫水晶可见 540 nm 附近宽吸收带（与 Fe 色心有关）
拉曼光谱		1 000～1 200 cm^{-1} 属于 Si—O 非对称伸缩振动，600～800 cm^{-1} 属于 Si—O—Si 对称伸缩振动，200～300 cm^{-1} 与硅氧四面体旋转振动或平移振动有关。466 cm^{-1} 附近强且尖锐的拉曼峰具有鉴定意义。 草莓水晶云母包裹体显示 410 cm^{-1}、632 cm^{-1}、701 cm^{-1}、749 cm^{-1} 附近的吸收峰； 金发晶中的金红石包裹体显示 236 cm^{-1}、447 cm^{-1}、608 cm^{-1} 处吸收峰； 绿幽灵中绿泥石包裹体显示 546 cm^{-1}、668 cm^{-1} 处吸收峰； 黑发晶中的电气石显示 237 cm^{-1}、311 cm^{-1}、364 cm^{-1}、494 cm^{-1}、533 cm^{-1}、697 cm^{-1}、1 024 cm^{-1} 附近的吸收峰
品种	无色水晶	无色透明，常见两相包裹体、愈合裂隙，金红石和碧玺矿物包裹体
	紫晶	浅至深的紫色，常见色带，“虎斑纹”状的愈合裂隙。紫水晶可以通过热处理变成黄水晶，常规仪器难以鉴定
	黄晶	浅黄至深黄色，常见色带。因含有黄色的水合高岭土（埃洛石）而呈现黄色的水晶晶体又被称为芒果水晶
	紫黄晶	同时具有紫色和黄色的水晶
	烟晶	浅至深褐色、褐色品种，天然或者人工辐射致色，加热会稍微变浅
	绿水晶	绿至黄绿色。天然没有体色是绿色的水晶，多为紫水晶辐照后变成绿色水晶；绿色的水晶还有一种是由绿色的矿物包裹体致色，俗称绿幽灵
	蓝色水晶	天然没有体色的蓝色水晶，多为合成或者处理品；无色水晶可因为含有蓝色矿物而显示蓝色，如蓝线石和天蓝石水晶，近几年新发现的著名品种有产自美国的含有斜硅铝铜矿的阿霍水晶和产自南非的包含水硅铝铜钙石的趴趴狗（papagoite）水晶
蔷薇石英		浅粉色到深玫瑰粉色。常见两个品种。 （1）芙蓉石：粉色较深，裂隙发育，多做雕件； （2）粉晶：颜色较浅近于无色，晶体干净，可显示星光效应
发晶		可根据包裹体的不同而显示不同颜色，含金红石常呈金黄、褐红等色，含电气石常呈灰黑色，含阳起石而呈灰绿色
优化处理	加热淬火染色	水晶加热后在含有染色剂的水中快速冷却，产生着色的炸裂纹。放大检查可见颜色呈蛛网状沿着炸裂纹分布，或在表面凹陷处富集；紫外光下，染料可引起特殊荧光
	辐射处理	（1）无色水晶辐照后可变成烟晶，不易检测； （2）芙蓉石辐照后可加深颜色，不易检测

（续表）

鉴定项目		鉴定结果
优化处理	热处理	(1) 可去除水晶中的褐色调； (2) 紫晶加热后可变成黄晶或绿水晶；深色紫晶加热后，颜色可变浅； (3) 热处理后的水晶类宝石颜色稳定，不易检测
充填		放大检查可见充填物露出部分光泽与主体宝石有差异，充填处可见干涉色闪光、气泡；红外光谱测试可见充填物特征吸收谱带；发光图像分析（如紫外荧光观察仪等）可观察充填物分布状态
覆膜		放大检查可见表面光泽异常，局部可见薄膜脱落现象；*RI* 可见异常；红外光谱和拉曼光谱测试可见膜层特征吸收峰

实习项目 4.22　合成水晶的鉴定

鉴定项目		鉴定结果
成分		矿物成分：石英；化学成分：SiO_2，可含 Ti、Fe、Al 等元素
肉眼观察	颜色	无色、紫、黄色、褐色，还可见到天然没有或者少见的颜色，如红色、蓝色、绿色等
	光泽	玻璃光泽
	透明度	透明到不透明
	色散	0.013，低，肉眼观察不到明显火彩
	琢型	各种明亮琢型，还可见珠子、雕件
放大检查	内、外部特征	宝石大而干净，放大检查可见籽晶，面包屑状包裹体，气液两相钉状包体（垂直于籽晶板）及色带（平行籽晶板），应力裂隙（与籽晶板成直角），缺乏巴西律双晶、火焰状双晶（偏光镜下检查）
常规仪器测试	偏光效应	四明四暗，一轴晶干涉图，牛眼干涉图常见
	折射率	折射率（*RI*）：1.544～1.553；双折射率（*DR*）：0.009，U+
	多色性	多色性弱，因颜色而异
	分光镜下的吸收光谱	钴蓝色：640 nm、650 nm 处存在吸收带边，以 550 nm 为中心的吸收带，490～500 nm 吸收带
	紫外荧光灯下的发光性	长波紫外光下为惰性，短波紫外光下无至弱的紫色荧光
	比重（*SG*）	2.66（+0.03，−0.02）
	硬度（*H*）	7
红外光谱		反射光谱，合成无色水晶可见 3 585 cm^{-1} 附近特征吸收峰，缺失 3 595 cm^{-1}、3 483 cm^{-1} 处吸收峰；合成紫水晶常见 3 545 cm^{-1} 附近特征吸收峰，但部分合成紫水晶也可缺失此峰；天然黄水晶和合成黄水晶的红外透射图谱大致相同，但合成黄水晶在 2 000～3 000 cm^{-1} 区域吸收相对弱且峰的数量少；与天然烟水晶相比，合成烟水晶的红外透射光谱中缺失 3 595 cm^{-1}、3 484 cm^{-1} 处吸收峰

实习项目 4.23　石榴石系列宝石的鉴定

鉴定项目		鉴定结果
石榴石		
成分		铝榴石系列：$Mg_3Al_2(SiO_4)_3$-$Fe_3Al_2(SiO_4)_3$-$Mn_3Al_2(SiO_4)_3$； 钙榴石系列：$Ca_3Al_2(SiO_4)_3$-$Ca_3Fe_2(SiO_4)_3$-$Ca_3Cr_2(SiO_4)_3$
肉眼观察	颜色	除蓝色之外的各种颜色
	光泽	玻璃光泽至亚金刚光泽
	透明度	透明到不透明
	特殊光学效应	铁铝榴石可同时显示四射星光和六射星光；变色效应
	琢型	各种刻面形，深色宝石为了避免颜色过深，有时会加工成空心凸面形，还可见珠子；水钙铝榴石多加工成弧面形或者雕件
常规仪器测试	偏光效应	全暗，偶见异常消光
	查尔斯滤色镜下特征	红色或者暗色
	紫外荧光灯下的发光性	惰性，近于无色、黄、浅绿色钙铝榴石可呈弱橙黄色荧光
镁铝榴石		
肉眼观察	颜色	红色，紫红色，少见粉红色(产自意大利)
	色散	0.022，中等，肉眼观察不到明显火彩
放大检查	内、外部特征	针状晶体，镁铝榴石通常不含包裹体
常规仪器测试	折射率	折射率(*RI*)：1.714～1.742，常为1.740；双折射率(*DR*)：无
	分光镜下的吸收光谱	以564 nm为中心的宽吸收带，505 nm处吸收峰，含铁者可显示440 nm和445 nm处吸收峰，优质镁铝榴石可有铬吸收(红区)
	比重(*SG*)	3.78(+0.09，−0.16)
	硬度(*H*)	7.25
红外光谱		反射光谱吸收峰位于999 cm^{-1}、908 cm^{-1}、876 cm^{-1}、588 cm^{-1}、536 cm^{-1}、494 cm^{-1}、465 cm^{-1}处
紫外可见光谱		可见698 nm、574 nm、460 nm、424 nm处吸收峰
拉曼光谱		吸收峰位于1 053 cm^{-1}、920 cm^{-1}、860 cm^{-1}、357 641 cm^{-1}、559 cm^{-1}、508 cm^{-1}处
铁铝榴石		
肉眼观察	颜色	褐红到紫红色，淡到深紫色，橙黄色品种又称为“芬达石”
	色散	0.024，中等，肉眼观察不到明显火彩

（续表）

鉴定项目		鉴定结果
放大检查	内、外部特征	圆形或不规则形的晶体包裹体，有时伴有应力裂隙，针状金红石晶体
常规仪器测试	折射率	折射率（*RI*）：1.790（±0.030），常为负读数；双折射率（*DR*）：无
	分光镜下的吸收光谱	铁谱，以 504 nm、520 nm、573 nm 为中心的强吸收带，以 423 nm、460 nm、610 nm 为中心的、680～690 nm 区域内的弱吸收带
	比重（*SG*）	4.05（+0.25，−0.12）
	硬度（*H*）	7.25
红外光谱		反射光谱吸收峰位于 9 919 cm^{-1}、9 069 cm^{-1}、8 769 cm^{-1}、5 829 cm^{-1}、4 939 cm^{-1}、459 cm^{-1} 处
紫外可见光谱		可见 698 nm、574 nm、460 nm、424 nm 处吸收峰
拉曼光谱		吸收峰位于 1 047 cm^{-1}、916 cm^{-1}、858 cm^{-1}、638 cm^{-1}、558 cm^{-1}、504 cm^{-1} 处
		锰铝榴石
肉眼观察	颜色	黄橙、红、褐红色
	色散	0.027，中等，肉眼观察不到明显火彩
放大检查	内、外部特征	由液滴组成的羽状体，常具有扯碎状外观
常规仪器测试	折射率	折射率（*RI*）：1.810（+0.004，−0.020），负读数；双折射率（*DR*）：无
	分光镜下的吸收光谱	锰谱，410 nm、420 nm、430 nm 处吸收峰，以 460 nm、480 nm、520 nm 为中心的吸收带，有时在 504 nm、573 nm 处显示吸收峰
	比重（*SG*）	4.15（+0.05，−0.03）
	硬度（*H*）	7.25
红外光谱		反射光谱吸收峰位于 974 cm^{-1}、891 cm^{-1}、864 cm^{-1}、629 cm^{-1}、573 cm^{-1}、478 cm^{-1}、451 cm^{-1} 处
紫外可见光谱		可见 692 nm、568 nm 处，420～460 nm 区域内吸收峰
拉曼光谱		吸收峰位于 1 027 cm^{-1}、907 cm^{-1}、849 cm^{-1}、630 cm^{-1}、553 cm^{-1}、501 cm^{-1}、373 cm^{-1}、350 cm^{-1}、321 cm^{-1} 处
		钙铝榴石
肉眼观察	颜色	淡黄、褐、绿和橙色，黄褐色者又称为桂榴石；绿色含铬钒者又称为沙弗莱
	色散	0.028，中等，肉眼观察不到明显火彩
放大观察	内、外部特征	圆化的晶体包裹体和液体组成的糖浆状包裹体

（续表）

鉴定项目		鉴定结果
常规仪器测试	折射率	折射率(*RI*)：1.740(+0.020，−0.010)；双折射率(*DR*)：无
	分光镜下的吸收光谱	铁致色的贵榴石(hessonite)可有以 407 nm、430 nm 为中心的吸收带
	查尔斯滤色镜下特征	铬钒钙铝榴石显示暗红色
	比重(*SG*)	3.61(+0.12，−0.04)
	硬度(*H*)	7.25
水钙铝榴石到块状钙铝榴石		
肉眼观察	颜色	绿色、粉红色、褐色。常作翡翠的仿制品
放大检查	内、外部特征	半透明绿色材料中可见到暗色斑点
常规仪器测试	折射率	多为点测，约 1.72
	查尔斯滤色镜下特征	绿色水钙铝榴石绿色部分为暗红色，据此可以与翡翠区分
	比重(*SG*)	约为 3.47
红外光谱		反射光谱吸收峰位于 950 cm^{-1}、869 cm^{-1}、847 cm^{-1}、618 cm^{-1}、556 cm^{-1}、487 cm^{-1}、459 cm^{-1} 处； 铁钙铝榴石反射光谱吸收峰位于 953 cm^{-1}、866 cm^{-1}、843 cm^{-1}、617 cm^{-1}、553 cm^{-1}、485 cm^{-1}、457 cm^{-1} 处； 铬钒钙铝榴石反射光谱吸收峰位于 957 cm^{-1}、868 cm^{-1}、841 cm^{-1}、617 cm^{-1}、555 cm^{-1}、486 cm^{-1}、459 cm^{-1} 处
紫外可见光谱		铬钒钙铝榴石在 356 nm、436 nm、610 nm 处显示吸收峰
拉曼光谱		吸收峰位于 1 006 cm^{-1}、879 cm^{-1}、824 cm^{-1}、628 cm^{-1}、590 cm^{-1}、548 cm^{-1}、416 cm^{-1}、374 cm^{-1} 处
翠榴石（钙铁榴石）		
肉眼观察	颜色	绿、黄绿，较少为黄色
	色散	0.057，高于钻石，火彩明显，但体色可能掩盖火彩
放大检查	内、外部特征	俄罗斯产出的翠榴石可见石棉纤维组成的马尾状包裹体；纳米比亚产出的翠榴石含有小的圆盘状的应力裂隙；马达加斯加产出的翠榴石无马尾状包裹体
常规仪器测试	折射率	折射率(*RI*)：1.888(+0.007，−0.033)，负读数；双折射率(*DR*)：无
	分光镜下的吸收光谱	Cr 致色，以 440 nm 为中心的吸收带，也可显示 618 nm、634 nm、685 nm、690 nm 处吸收峰
	比重(*SG*)	3.84(±0.03)
	硬度(*H*)	7.25

（续表）

鉴定项目		鉴定结果
红外光谱		反射光谱吸收峰位于 930 cm^{-1}、842 cm^{-1}、819 cm^{-1}、517 cm^{-1}、480 cm^{-1}、445 cm^{-1} 处
紫外可见光谱		440 nm、580 nm、619 nm 处显示吸收峰
拉曼光谱		吸收峰位于 993 cm^{-1}、873 cm^{-1}、841 cm^{-1}、815 cm^{-1}、552 cm^{-1}、516 cm^{-1}、492 cm^{-1}、450 cm^{-1}、370 cm^{-1}、351 cm^{-1}、311 cm^{-1} 处
热处理		有报道称为了减少翠榴石的棕色调，会对翠榴石进行低温热处理，但目前还没有明确科学研究证实这一点
黑榴石		
肉眼观察	颜色	灰至黑色
常规仪器测试	折射率	折射率(*RI*)：1.875(±0.020)，负读数；双折射率(*DR*)：无
	分光镜下的吸收光谱	从 505 nm 为中心的强吸收带，以 576 nm、527 nm 为中心的弱吸收带
	比重(*SG*)	3.84(±0.03)
钙铬榴石		
肉眼观察	颜色	祖母绿色，铬致色，晶体通常很小无法切割成宝石，晶簇有时会用来设计胸针
折射率		折射率(*RI*)：1.850(±0.030)，负读数；双折射率(*DR*)：无
比重(*SG*)		3.75(±0.03)
品种	铁镁铝榴石	紫色，又称红榴石，铁铝榴石和镁铝榴石的混合物
	马拉亚榴石	橘黄色到红橙色，锰铝榴石和镁铝榴石的混合物
	马里榴石	绿色到黄色，主要为钙铝榴石，含有部分钙铁榴石
	变色石榴石	红色到绿色，锰铝榴石和镁铝榴石的混合物
优化处理	热处理	暗红色石榴石经热处理后颜色变浅，不易检测
	充填	放大检查可见充填物露出部分表面光泽与主体宝石有差异，充填处可见闪光、气泡；红外光谱测试可见充填物特征红外吸收谱带；发光图像分析(如紫外荧光观察仪等)可观察充填物分布状态

实习项目 4.24　尖晶石的鉴定

鉴定项目		鉴定结果
成分		$MgAl_2O_4$，可含 Cr、Fe、Zn、Mn 等元素
肉眼观察	颜色	尖晶石具有很宽的颜色范围，从近无色，到各种色调的紫色、红色，粉色、橙色、黄色、绿色、蓝色到黑色。商业上红色品种最受欢迎

（续表）

鉴定项目		鉴定结果
肉眼观察	光泽	玻璃光泽至亚金刚光泽
	透明度	透明到半透明
	色散	0.020，中等，肉眼观察不到明显火彩
	特殊光学效应	猫眼效应和四射星光，偶见达碧兹变色效应
	琢型	各种形状的刻面形最为常见
放大检查	内、外部特征	气液包体，矿物包体，生长纹，双晶纹，细小八面体负晶，可单个或呈指纹状分布，锆石晕。 坦桑尼亚马亨盖产出的钴尖晶石常见具有干涉色的片装包裹体以及成列的颗粒状包裹体
常规仪器测试	偏光效应	全暗，偶见异常消光
	折射率	折射率（*RI*）：1.718（+0.017，−0.008），随着含锌、铁、铬等元素，*RI* 逐渐增大，最高可至 2.000；双折射率（*DR*）：无
	分光镜下的吸收光谱	取决于颜色，红色显示铬光谱；蓝色和紫色尖晶石的致色元素为铁和少量钴
	查尔斯滤色镜下特征	取决于宝石的颜色
	紫外荧光灯下的发光性	红色、橙色、粉红色尖晶石，长波下弱到强的红、橙色荧光，短波下无至弱的红、橙色荧光； 黄色尖晶石，长波下弱至中的褐黄色荧光，短波下无至褐黄色荧光； 绿色尖晶石，长波下无至中的橙至橙红色荧光； 蓝色的钴尖晶石：红色或者绿色的荧光； 无色尖晶石无荧光
	比重（*SG*）	3.60（+0.10，−0.03）
	硬度（*H*）	8
红外光谱		反射光谱中可见 729 cm^{-1}、590 cm^{-1}、538 cm^{-1} 处典型吸收峰
紫外可见光谱		取决于颜色，红色显示铬光谱：685 nm、684 nm 处强吸收峰，以 656 nm 为中心的弱吸收带，595～490 nm 显示强吸收带；蓝色和紫色尖晶石的致色元素为铁和少量钴，以 460 nm 为中心的强吸收带，430～435 nm、以 480 nm、550 nm 为中心、565～575 nm、以 590 nm、625 nm 为中心吸收带
拉曼光谱		405 cm^{-1}、664 cm^{-1}、766 cm^{-1} 处显现典型的拉曼峰

实习项目 4.25　合成尖晶石的鉴定

鉴定项目	鉴定结果
成分	$MgAl_2O_3$；其中 Al_2O_3、MgO 的比例一般为 2.5∶1，高的可达 4∶1（天然尖晶石中 Al_2O_3、MgO 的比例为 1∶1）；可含 Fe、Co、Cr 等元素

（续表）

鉴定项目		鉴定结果
肉眼观察	颜色	无色、浅至深蓝、浅至深绿、红、黄、暗蓝色（仿青金石）。焰熔法较常见，多为钴致色艳蓝色；助熔剂法有报道，常见红色和蓝色
	光泽	玻璃光泽
	色散	0.020，中等，肉眼观察不到明显火彩
	特殊的光学效应	变色效应
	琢型	各种形状的刻面形最为常见
放大检查	内、外部特征	焰熔法：洁净，偶见弧形生长纹，气泡； 助熔剂法：残余助熔剂（呈滴状或面纱状），金属薄片，愈合裂隙
常规仪器测试	偏光效应	全暗，常见异常消光（斑纹状消光，晶格畸变）
	折射率	折射率（*RI*）：焰熔法，1.728（+0.012，−0.008），助熔剂法，1.719（±0.003）；双折射率（*DR*）：无
	分光镜下的吸收光谱	红色：以 688 nm 为中心的吸收峰，以 695 nm 为中心的吸收带，680～690 nm 吸收带； 变色：525～660 nm 吸收带，以 690 nm 为中心的吸收带； 蓝色（仿青金石）：以 455 nm 为中心的吸收带，515～560 nm 吸收带，650～680 nm 弱吸收带； 灰蓝色：以 590 nm 为中心的吸收带，以 640 nm 为中心的吸收带，550～560 nm 弱吸收带； 粉色：640～700 nm 强吸收带； 深蓝色：以 550 nm 为中心的强吸收带，570～600 nm 强吸收带，625～650 nm 吸收带； 绿、绿蓝色：以 425 nm 为中心的吸收带
	查尔斯滤色镜下特征	钴光谱，查尔斯滤色镜下变红
	紫外荧光灯下的发光性	无色：长波为无至弱，绿；短波为弱至强，绿蓝、蓝白； 蓝色：长波为弱至强，红、橙红、红紫；短波为弱至强，蓝白或斑杂蓝色、红至红紫； 绿色、黄绿色：长波为强，黄绿或紫红；短波为中至强，黄绿、绿白； 变色：长、短波均为中，暗红； 红色：长波为强，红、紫红至橙红；短波为弱至强，红至橙红
	比重（*SG*）	3.64（+0.02，−0.12）
	硬度（*H*）	8
红外光谱		助熔剂法合成尖晶石在指纹区具尖晶石特征红外吸收谱带，焰熔法合成蓝色尖晶石可见 838 cm^{-1}、715 cm^{-1}、545 cm^{-1} 处吸收峰。蓝色、无色合成尖晶石透射光谱可见 3 354 cm^{-1}、3 522 cm^{-1} 处吸收峰
紫外可见光谱		Co 致色合成蓝色尖晶石可见 410 nm^{-1}、480 nm^{-1} 处吸收峰和以 600 nm 为中心的强吸收带
拉曼光谱		合成尖晶石的荧光背景较强，无法辨识有效的拉曼峰
品种	绝地武士（Jedi）	Guild 实验室对绝地武士尖晶石的定义为： （1）通常适用于缅甸出产的尖晶石，如曼辛、纳米亚等矿区；

（续表）

鉴定项目		鉴定结果
品种	绝地武士（Jedi）	（2）颜色为天然成因，没有经过任何优化处理； （3）颜色级别达到艳（vivid），具有很强的霓虹感，没有暗域或者只有极少量的暗域； （4）有相对较强的荧光； （5）铬含量远高于铁含量（Cr/Fe 值超过 30）
	钴尖晶石	主要由钴元素致色呈现钴蓝色的尖晶石品种，某些品种还会呈现变色效应，日光下为蓝色，白炽灯下为紫色。主要产地为越南和坦桑尼亚马亨盖（斯里兰卡和加拿大也有报道），很受藏家追捧
优化处理	充填	裂隙发育的尖晶石可见注油处理，放大检查可见充填物露出部分光泽与主体宝石有差异，充填处可见闪光、气泡；红外光谱测试可见充填物特征红外吸收谱带；发光图像分析（如紫外荧光观察仪等）可观察充填物分布状态
	染色处理	放大检查可见颜色分布不均匀，多在裂隙间或表面凹陷处富集；紫外可见光谱可见异常
	热处理	尖晶石的热处理不像红宝石那样普遍，一般是在氧化环境中对尖晶石进行加热处理，使尖晶石中的离子价态发生变化，从而改善其外观。热处理后的尖晶石常见细小的盘状裂隙，同时高温会导致尖晶石发生相变，光致发光光谱以及拉曼光谱可以检测到其对应的光谱变化
	扩散处理	扩散处理常见于钴尖晶石，Fe 和 Co 元素在一定温度下通过扩散进入颜色较浅的尖晶石表面或者内部，处理后呈钴蓝色。主要特征如下： （1）放大检查可见热处理的特征，如内部裂隙发育，晶体熔蚀并伴有膨胀裂隙，气液包体受热膨胀及热处理残余，内部可见不透明的针状雏晶； （2）浸液或散射光放大检查可见颜色浓集在表面或在裂隙间或凹陷处富集，内部颜色较浅； （3）经成分分析仪器（如 XRF 等）检测，宝石表层所扩散的元素（如钴等）含量异常，由表及里浓度降低； （4）激光光致发光光谱分析能辅助区分扩散处理蓝色尖晶石与天然含钴元素蓝色尖晶石

实习项目 4.26　长石系列宝石的鉴定

鉴定项目		鉴定结果
长石		
成分		化学通式为 $XAlSi_3O_8$，X 为 Na、K、Ca-Al 钾长石：$KAlSi_3O_8$；可含 Ba、Na、Rb、Sr 等元素 斜长石：$NaAlSi_3O_8$-$CaAl_2Si_2O_8$
肉眼观察	光泽	玻璃到暗淡的玻璃光泽
	透明度	透明到不透明
	色散	0.012，低，肉眼观察不到明显火彩
	特殊光学效应	因品种而异，晕彩效应，星光效应，猫眼效应，砂金效应

（续表）

鉴定项目		鉴定结果
肉眼观察	琢型	具有特殊光学效应的品种多加工成弧面形，或者珠子和雕件；其他颜色的透明品种常加工成阶梯琢型和明亮琢型
常规仪器测试	偏光效应	四明四暗，二轴晶干涉图
	折射率	折射率（*RI*）：1.52～1.57；双折射率（*DR*）：0.004～0.009，B+/B−
	紫外荧光灯下的发光性	无至弱，白、紫、红、黄等
	比重（*SG*）	2.55～2.75
	硬度（*H*）	6～6.5
正长石		
颜色		淡黄色，可显示猫眼效应
天河石		
肉眼观察	颜色	绿到蓝绿色，常有白色条纹，表面可见解理产生的小的反光
	透明度	半透明到微透明
常规仪器测试	折射率	折射率（*RI*）：1.522～1.530（±0.004）；双折射率（*DR*）：0.008，常为点测法
	比重（*SG*）	2.56（±0.02）
红外光谱		反射光谱可见 1 167 cm^{-1}、1 053 cm^{-1}、1 018 cm^{-1}、771 cm^{-1}、648 cm^{-1}、584 cm^{-1}、449 cm^{-1}、420 cm^{-1} 处典型吸收峰；充填处理的天河石透射光谱可见 2 800～3 000 cm^{-1} 区域内吸收峰及 3 060 cm^{-1}、3 037 cm^{-1} 处吸收峰，这是天河石经过人工树脂充填的证据
紫外可见光谱		300 nm、690 nm 附近显示宽吸收带
拉曼光谱		1 138 cm^{-1}、1 122 cm^{-1}、746 cm^{-1}、510 cm^{-1}、474 cm^{-1}、283 cm^{-1}、148 cm^{-1} 处显示特征峰
月光石		
肉眼观察	颜色	无色、白、粉红、橙、黄、绿、褐和灰色
	特殊光学效应	浅蓝色较珍贵，通常为蓝白到银白色，经切磨有些可显示猫眼效应
放大检查	内、外部特征	交叉的应力裂缝可产生似蜈蚣状特征，除此之外，还可见指纹状包裹体、针状包裹体
常规仪器测试	折射率	折射率（*RI*）：1.518～1.526（±0.010）；双折射率（*DR*）：0.005～0.008，点测法常见
	比重（*SG*）	2.58（±0.03）

（续表）

鉴定项目		鉴定结果
红外光谱		反射光谱可见 1 142 cm^{-1}、1 047 cm^{-1}、604 cm^{-1}、542 cm^{-1}、428 cm^{-1} 处典型吸收峰；透射光谱钠长石猫眼未见典型吸收峰，充填处理的钠长石可见 4 344 cm^{-1}、4 065 cm^{-1}、3 053 cm^{-1}、3 038 cm^{-1} 处吸收峰
紫外可见光谱		未见典型吸收峰
拉曼光谱		478 cm^{-1}、505 cm^{-1} 附近为最强的特征峰，600～1 300 cm^{-1} 区域内的拉曼峰归属于 Si-O 伸缩振动，低于 450 cm^{-1} 的拉曼峰归属于晶格振动
拉长石		
肉眼观察	颜色	大都为暗蓝到灰色的不透明材料，近无色、黄色、褐色、灰色的透明品种也有发现
	特殊光学效应	从一定角度观察可见晕彩。透明拉长石在市场上常被当作月光石或者虹彩月光石出售，除了蓝色晕彩外还显示红色或者黄色的晕彩色
放大检查	内、外部特征	常见双晶纹。当含有大量黑色片状金属包裹体时，拉长石的体色为灰色
常规仪器测试	折射率	折射率（*RI*）：1.559～1.568（±0.005）；双折射率（*DR*）：0.009。点测法常见
	比重（*SG*）	2.70（±0.05）
红外光谱		反射光谱可见 1 182 cm^{-1}、1 007 cm^{-1}、953 cm^{-1}、582 cm^{-1} 处典型吸收峰；透射光谱钠长石猫眼未见典型吸收峰，充填处理的钠长石可见 4 344 cm^{-1}、4 065 cm^{-1}、3 053 cm^{-1}、3 038 cm^{-1} 处吸收峰
紫外可见光谱		382 nm 处弱吸收峰
拉曼光谱		480 cm^{-1}、510 cm^{-1} 附近为最强的特征峰，600～1 300 cm^{-1} 区域内的拉曼峰归属于 Si-O 伸缩振动，低于 450 cm^{-1} 的拉曼峰归属于晶格振动
日光石（奥长石）		
肉眼观察	颜色	无色、橙色或浅褐色
	特殊光学效应	砂金效应
放大检查	内、外部特征	大量的小的针铁矿或赤铁矿片定向排列，可呈六边形，有时是透明的，常平行于一个面。注意和人造的砂金玻璃相区分
常规仪器测试	折射率	折射率（*RI*）：1.537～1.547（+0.004，−0.006）；双折射率（*DR*）：0.007～0.010，点测法常见
	比重（*SG*）	2.65（+0.02，−0.03）
俄勒冈日光石		
肉眼观察	颜色	淡黄、淡粉红、橙到深红色，偶见绿色。可有砂金效应
放大检查	内、外部特征	定向排列的铜片包裹体

（续表）

鉴定项目		鉴定结果
常规仪器测试	多色性	有时显示红色或者浅黄色到绿色的多色性
红外光谱		反射光谱可见 1 144 cm^{-1}、1 012 cm^{-1}、783 cm^{-1}、756 cm^{-1}、644 cm^{-1}、538 cm^{-1} 处典型吸收峰
紫外可见光谱		日光石在 550 nm 以上区域的反射率明显高于 550 nm 以下的区域，使得样品整体呈现偏暖的色调。俄勒冈日光石在 380 nm、420 nm、450 nm 三处显示吸收峰
拉曼光谱		508 cm^{-1}(Si-O-Si 弯曲振动)，479 cm^{-1}(Al-O-Al 振动)cm^{-1} 处显示特征峰
西藏日光石		
颜色		红色、绿色或者红绿杂色；可见色带。放大可见砂金效应，一说为热处理的颜色

实习项目 4.27　碧玺的鉴定

鉴定项目		鉴定结果
成分		矿物成分：电气石； 化学成分：$(Na, K, Ca)(Al, Fe, Li, Mg, Mn)_3(Al, Cr, Fe, V)_6(BO_3)_3(Si_6O_{18})(OH, F)_4$。 根据化学成分不同，碧玺可以分为黑电气石、镁电气石、锂电气石和钠锰电气石。部分端点矿物之间形成两个完全类质同像系列
肉眼观察	颜色	颜色非常丰富，几乎可见各种颜色，有的品种在晶体的横截面和纵截面均可见色带
	光泽	玻璃光泽
	透明度	透明到半透明
	色散	0.017，低，肉眼观察不到明显火彩
	特殊的光学效应	常见猫眼效应，偶见变色效应
	琢型	净度好的品种多加工成各种明亮琢型，净度较差的品种多加工成弧面、珠子或者雕件
放大检查	内、外部特征	气液包裹体，矿物包裹体，生长纹，色带，不规则管状包裹体，平行线状包裹体，波纹状裂隙，愈合裂隙，可见刻面棱重影
常规仪器测试	偏光效应	四明四暗，一轴晶干涉图
	折射率	折射率(*RI*)：1.624～1.644；双折射率(*DR*)：0.018～0.040 1，U－
	多色性	多数品种具有强的肉眼可观察到的二色性，颜色取决于体色。也有少数品种无多色性
	分光镜下的吸收光谱	取决于体色。红、粉红碧玺：绿光区具宽吸收带，有时可见以 525 nm 为中心的窄吸收带，451 nm，458 nm 处显示吸收峰；蓝、绿碧玺：红区普遍吸收，可见以 498 nm 为中心的强吸收带

（续表）

鉴定项目		鉴定结果
常规仪器测试	比重(*SG*)	约3.06
	硬度(*H*)	7～8
红外光谱		反射光谱中，碧玺的不同结晶方向红外光谱存在两种差异，可见1 346 cm^{-1}、1 300 cm^{-1}(1 295 cm^{-1})($[BO_3]^{3-}$振动)，513 cm^{-1}、505 cm^{-1}($[BO_3]^{3-}$振动)，1 111 cm^{-1}、1 030 cm^{-1}(1 029 cm^{-1})、991 cm^{-1}(982 cm^{-1})(O—Si—O振动)，837 cm^{-1}、789 cm^{-1}、714 cm^{-1}(715 cm^{-1})(Si—O—Si振动)处吸收峰；透射光谱可见3 000～3 800 cm^{-1}区域内吸收峰(与OH^-有关)
紫外可见光谱		蓝色碧玺可见325 nm、416 nm、460 nm、498 nm处吸收峰和650～800 nm区域内宽吸收带； 黑色碧玺可见369 nm附近吸收峰及650～800 nm区域内宽吸收带
拉曼光谱		1 000～1 200 cm^{-1}(Si-O伸缩振动)，960～1 000 cm^{-1}及600～700 cm^{-1}(环的反对称伸缩振动)，400～570 cm^{-1}(环的两个对称伸缩振动)，200～380 cm^{-1}(环的弯曲振动)显示特征峰
品种	帕拉伊巴(Paraiba)碧玺	铜(锰)致色的锂电气石—钙锂电气石，主要呈现蓝色、紫蓝色、蓝绿色到绿蓝色、绿色或者黄绿色。具有中等偏低到高的饱和度，但饱和度和亮度均达到一定高度时，宝石会称为霓虹蓝或者电光蓝
	卢比莱(Rubilite)碧玺	又称红宝碧玺，目前市场上一般将颜色鲜艳、浓郁的红色碧玺，以及带有少量粉、紫、橙等色调的红色碧玺，定义为卢比莱。各个实验室有各自的具体标准
	铬绿碧玺	致色元素为铬和钒的绿色碧玺，艳绿色，查尔斯滤色镜下为红色
	多色碧玺	同一颗宝石上呈现不同颜色的碧玺，颜色不均匀可以体现在晶体的横截面上也可以体现在纵切面上，其中横截面上内红外绿的品种又被称为西瓜碧玺。市场上会将不同颜色的碧玺珠子穿成一串，俗称糖果碧玺
	碧玺猫眼	具有猫眼效应的碧玺，通常切割成弧面形或者珠子
优化处理	热处理	颜色较深的碧玺可通过加热使颜色变浅，透明度增加，不易检测，市场上大多数的帕拉伊巴都经过了热处理
	充填处理	裂隙较多的碧玺往往通过充填处理掩盖裂隙，改善净度和稳定性。常见注胶或者油。放大检查可见充填物露出部分表面光泽与主体宝石有差异，充填处可见干涉色闪光、气泡；偏光镜下可见异常消光；红外光谱测试可见充填物特征红外吸收谱带；发光图像分析(如紫外荧光观察仪等)可观察充填物分布状态。市场上加工成珠子或者雕件的碧玺充填处理最为常见
	染色处理	碧玺染色是一种传统的处理方法，主要选用不易褪色的染料，在低温条件下对裂隙发育的碧玺进行浸染处理以改善颜色。放大检查可见颜色分布不均匀，多在裂隙间或表面凹陷处富集；无明显多色性
	辐照处理	辐照处理常用于改善无色或者浅色以及有杂色的碧玺的颜色，如浅粉、浅黄、绿、蓝，无色碧玺经辐照处理可产生深粉至红或深紫红、黄至橙黄、绿等颜色，不稳定，加热易褪色，不易检测

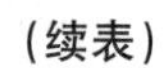

鉴定项目		鉴定结果
优化处理	镀膜	用沉淀、喷镀等方式在宝石表面覆上一层薄膜，以改善其表面光洁度、改变颜色，放大检查可见表面光泽异常，局部可见薄膜脱落现象；*RI* 可见异常；红外光谱和拉曼光谱测试可见膜层特征峰

实习项目 4.28　锆石的鉴定

鉴定项目		鉴定结果
成分		$ZrSiO_4$，含 Ca、Mg、Mn、Fe、Al、P、Hf、U、Th 等元素
肉眼观察	颜色	无色、蓝、黄、绿、褐、橙、红、紫等色；热处理的锆石常呈天蓝色、无色和金黄色。低型锆石原石常以水蚀卵石的形状出现，颜色通常为黄色和绿色
	光泽	明亮玻璃光泽至亚金刚光泽
	透明度	透明至不透明
	色散	0.038，高，肉眼可以观察到明显的火彩
	特殊的光学效应	具猫眼效应、星光效应、变色效应
	琢型	多为各种形状的明亮琢型，其中圆明亮琢型最常见
放大检查	内、外部特征	高型锆石可含愈合裂隙及矿物包物体，如磁铁矿、黄铁矿、磷灰石等。中低型锆石常具有平直或两个方向的角状色带，还有少量絮状包裹体，具有猫眼效应的锆石中还可见平直的生长管道。高型锆石可观察到明显的刻面棱重影。刻面棱上可能出现磨损
常规仪器测试	偏光效应	四明四暗到全暗，偶见异常消光，一轴晶干涉图
	折射率	折射率(*RI*)：高型，1.925～1.984(±0.040)；中型，1.875～1.905(±0.030)；低型，1.810～1.815(±0.030)。常规折射仪检测为负读数。可以用反射仪测量，从高型到低型逐渐变小。 双折射率(*DR*)：0.001～0.059，低型锆石的 *DR* 无至很小；光性：中高型锆石为 U+；低型锆石接近于非晶态
	多色性	主要限于高型锆石，而且不同颜色的锆石多色性表现明显不同： 蓝色锆石多色性较强，为蓝和棕黄至无色，热处理的蓝色锆石可呈现蓝色和无色； 绿色锆石多色性很弱，绿色和黄绿色； 橙色和棕黄色锆石多色性弱至中，紫褐色至褐黄色； 红色锆石多色性中等，紫红至紫褐色
	特征光谱	锆石的致色元素为铀和钍元素，可具有 2～40 条吸收线，特征吸收波长为 653.5 nm。低型锆石的光谱有时比较模糊。无色锆石也可能观察到吸收线
	紫外荧光灯下的发光性	一般无荧光，但有些锆石具有较强的荧光，且荧光色总带有不同程度的黄色。 蓝色：长波下无至中等荧光； 浅蓝色：短波下无荧光； 绿色：通常无荧光；

（续表）

鉴定项目		鉴定结果
常规仪器测试	紫外荧光灯下的发光性	黄、橙黄：无至中等的黄色，橙色荧光； 红、橙红：无至强的黄色，橙色荧光； 棕、褐：无至极弱的红色荧光； 在X射线下，不同颜色和不同类型的锆石具有不同的荧光色和荧光强度，多数具白或蓝紫色荧光，也有些可具绿色、黄色荧光
	比重（*SG*）	通常为3.90～4.73，高型：4.60～4.80；中型：4.10～4.60；低型：3.90～4.10，在常见宝石中属于比较高的，较大的样品用手掂重会有明显的沉重感
	硬度（*H*）	莫氏硬度6～7.5，其中高型7～7.5；低型可低至6。锆石性脆，刻面棱易磨损，如果将几颗裸石包在一个纸包里，刻面棱容易出现分段截切断口，即所谓的纸蚀现象，因此刻面锆石最好单独包装保存
红外光谱		反射光谱吸收峰位于800～1 100 cm^{-1}，400～610 cm^{-1} 区域内，蓝色锆石以440 cm^{-1}、623 cm^{-1} 为中心显示强吸收带
紫外可见光谱		蓝色锆石可见654 nm、692 nm两处尖锐的吸收峰
拉曼光谱		吸收峰位于1 007 cm^{-1}、974 cm^{-1}、437 cm^{-1}、357 cm^{-1}、224 cm^{-1} 处
优化处理	热处理	不同产地的锆石热处理后会显示不同的颜色，还原条件下加热可产生天蓝色或者无色，越南产红褐色锆石处理后会产生无色、蓝色、金黄色；氧化条件下加热可产生金黄色和无色，有些品种可产生红色。热处理锆石光谱吸收线减少，有时仅见653 nm处吸收线，表面或棱角处容易发生破碎或者小坑。通常稳定，少数遇光后会变化，但往往难以获得诊断性证据
	辐射处理	热处理的逆变化。几乎所有热处理的锆石都可通过辐射处理恢复到原始颜色。无色锆石经辐照处理可变成深红、褐红、紫、橘黄色，蓝色锆石辐照可变成褐至红褐色，不稳定，不易检测，光照或者加热会褪色

实习项目4.29　托帕石的鉴定

鉴定项目		鉴定结果
成分		$Al_2SiO_4(F, OH)_2$，可含Li、Be、Ga等微量元素，粉红色可含Cr
肉眼观察	颜色	无色、淡蓝、蓝、黄、粉、粉红、虹、褐红等色，少见绿色；产于巴西米纳斯吉拉斯州颜色在橙红色、红粉色之间的托帕石在商业上被称为帝王托帕石；棕黄色至橙色的托帕石被称为雪莉（或者雪莉酒）托帕石；乌克兰产出一种棕红色和蓝色的双色托帕石。市场上常见辐照热处理的蓝色品种，长期日照可能导致褪色
	光泽	玻璃光泽
	透明度	透明到半透明
	色散	0.014，低，肉眼观察不到明显火彩
	特殊光学效应	偶见猫眼效应
	琢型	各种形状的明亮琢型，椭圆形最常见。由于晶体发育平行于底轴面的完全解理，切磨时主刻面要和解理面呈一定的角度

（续表）

鉴定项目		鉴定结果
放大检查	内、外部特征	气液包裹体，三相包裹体，矿物包裹体，生长纹，负晶
常规仪器测试	偏光效应	四明四暗，二轴晶干涉图
	折射率	折射率(*RI*)：1.619～1.627；双折射率(*DR*)：0.008～0.010，B+
	多色性	弱到中等的多色性，表现为体色的不同色调。 黄色托帕石可呈褐黄、黄、橙黄； 褐色托帕石可呈黄褐、褐； 红、粉色托帕石可呈浅红、橙红、黄； 绿色托帕石可呈蓝绿、浅绿； 蓝色托帕石可呈不同色调的蓝色
	查尔斯滤色镜下特征	辐照热处理的蓝色托帕石可能显示肉红色（近于无色）
	比重(*SG*)	约 3.53
	硬度(*H*)	8
红外光谱		反射光谱中，吸收峰位于 900～1 200 cm^{-1}（Si—O—Si 反对称伸缩振动），具体峰位为 1 008 cm^{-1}、951 cm^{-1}、922 cm^{-1}；700～900 cm^{-1}（Al—O 伸缩振动），峰位为 881 cm^{-1}；584～700 cm^{-1}（Si—O 对称伸缩振动），特征峰在 627 cm^{-1}、584 cm^{-1} 处；584 cm^{-1} 以下区域内红外峰由 Al—O—Al 弯曲振动引起，峰位为 542 cm^{-1}、484 cm^{-1}、459 cm^{-1}；透射光谱中，主峰位为 3 649 cm^{-1} 处，以 3 649 cm^{-1} 为吸收中心，3 816～3 966 cm^{-1} 与 3 354～3 483 cm^{-1} 是呈镜像对称的吸收峰（属于 OH^- 的基频伸缩振动和合频、倍频振动）
紫外可见光谱		天然蓝色托帕石在 330 nm、627 nm 附近存在强吸收带，辐射处理蓝色托帕石在 335 nm、422 nm、670 nm 附近存在吸收带
拉曼光谱		982 cm^{-1}、924 cm^{-1}（Si—O 对称伸缩振动），852 cm^{-1}（由于 OH^- 取代 F^- 而产生的 Si—O 对称伸缩振动和非对称伸缩振动的耦合振动），558 cm^{-1} 和 455 cm^{-1}（Si—O 弯曲振动），401 cm^{-1} 和 331 cm^{-1}（Al—O 弯曲振动），265 cm^{-1}（Al—O 伸缩振动和 Si—O—Si 弯曲振动的耦合振动）
优化处理	辐照处理	无色托帕石可以通过辐照处理成黄褐色或褐绿色，随后的热处理产生蓝色，市场上处理后的托帕石根据颜色深浅被命名为天空蓝、瑞士蓝和伦敦蓝；黄、橙和褐绿色托帕石可经辐照加深颜色或去除杂色。有时放置一段时间会褪色，通常难以检测
	热处理	巴西出产的黄、橙和褐色托帕石经过加热处理会变成粉或红色，在紫外光下会显示强荧光，一般颜色稳定，但不易检测
	扩散处理	无色托帕石经钴扩散处理可形成蓝、蓝绿色等。浸液或散射光放大检查可见宝石表层颜色不均匀，呈斑点状，或在裂隙或凹陷处富集。经成分分析仪器（如 X 射线荧光光谱分析仪等）检测，宝石表层所扩散的元素（如钴等）含量异常，由表及里浓度降低

（续表）

鉴定项目		鉴定结果
优化处理	覆膜处理	覆膜处理用于改变宝石颜色，市场上大量艳粉色托帕石是由无色托帕石覆膜处理得到的。放大检查可见表面光泽异常，局部可见薄膜脱落现象；*RI* 可见异常；红外光谱和拉曼光谱测试可见膜层特征峰，粉色镀膜处理的托帕石在 260 cm^{-1}、533 cm^{-1} 附近可见强吸收带，369 cm^{-1} 附近可见一系列弱吸收峰

实习项目 4.30　橄榄石的鉴定

鉴定项目		鉴定结果
成分		$(Mg, Fe)_2SiO_4$
肉眼观察	颜色	淡黄绿色到深绿色，绿褐色到褐色；极少为无色
	光泽	玻璃光泽，有时会呈现油脂光泽
	透明度	透明到半透明
	色散	0.020，中等，肉眼观察不到明显火彩
	琢型	各种形状的明亮琢型，椭圆形最常见，还可见阶梯琢型，少见弧面形
放大检查	内、外部特征	典型包裹体为由扁平环状应力裂缝形成的睡莲状包裹体，除此以外还可见矿物包体，负晶和刻面棱重影
常规仪器测试	偏光效应	四明四暗，可见二轴晶干涉图
	折射率	折射率(*RI*)：1.654～1.690；双折射率(*DR*)：0.035～0.038，B+/B－(正光性常见) 缅甸橄榄石，*RI*：1.648～1.689，*DR*：0.030～0.041
	多色性	弱到中等多色性，绿色到黄绿色
	分光镜下的吸收光谱	铁谱，以 453 nm、477 nm、497 nm 为中心的强吸收带，在某些宝石中可能呈现一条宽带。硼铝镁石在同一位置有四条带，最宽的带位于 460 nm，据此可以和橄榄石相区分
	比重(*SG*)	约 3.34，最新的研究成果缅甸产橄榄石为 3.24～3.46
	硬度(*H*)	6.5～7
红外光谱		反射光谱在 1 024 cm^{-1}、987 cm^{-1}、949 cm^{-1}、530 cm^{-1}、420 cm^{-1} 处显示吸收峰，需要注意，不同的橄榄石的红外反射图谱略有差异，可能是测试的结晶学方向不同所致
紫外可见光谱		以 558 nm 为中心的 510～590 nm 区域存在一个宽的反射峰
拉曼光谱		吸收峰位于 400 cm^{-1} 以内、400～700 cm^{-1}、856 cm^{-1}、961 cm^{-1} 处

实习项目 4.31　磷灰石的鉴定

鉴定项目	鉴定结果
成分	$Ca_5(PO_4)_3(F, OH, Cl)$

（续表）

鉴定项目		鉴定结果
肉眼鉴定	颜色	无色、黄、绿、紫、紫红、粉红、褐、蓝等色
	光泽	玻璃光泽，断口呈现油脂光泽
	透明度	透明到半透明
	色散	0.013，低，肉眼观察不到明显火彩
	特殊光学效应	猫眼效应（比较少见）
	琢型	各种形状的明亮琢型，椭圆形最常见，特殊光学效应的加工成弧面形
放大检查	内、外部特征	晶体包裹体，气液包裹体，负晶，管状包裹体等。刻面棱易磨损，断口明显
常规仪器测试	偏光效应	四明四暗，可见一轴晶干涉图
	折射率	折射率（*RI*）：1.634～1.638（+0.012，−0.006）；双折射率（*DR*）：0.002～0.008，常为0.003，U−。磷灰石的双折率很小，测试时可能会给出单折射的假象，需要结合其他测试进行结果解释
	多色性	蓝色和蓝绿色宝石为中到强二色性，蓝色和淡黄色；其余颜色多色性弱
	分光镜下的吸收光谱	各种颜色的磷灰石会产生稀土或钕谱，但某些蓝色的磷灰石则不会。每个吸收带由左向右渐次增强并终止于许多细线组成的锐边。位于绿区中部的吸收带有时太弱看不清
	查尔斯滤色镜下特征	不特征
	紫外荧光灯下的发光性	荧光变化，有的品种加热可产生磷光。 长波下黄色宝石可显示粉红色； 绿色和紫色宝石长波下可显示绿黄色，短波下为淡紫红色； 蓝色宝石可显示蓝色
	比重（*SG*）	3.18（±0.05）
	硬度（*H*）	5，刻面棱易磨损
红外光谱		反射光谱，可见1 101 cm^{-1}、1 065 cm^{-1}[$(PO_4)^{3-}$反对称伸缩振动]、607 cm^{-1}、575 cm^{-1}[$(PO_4)^{3-}$弯曲振动]等处/附近典型的吸收峰；透射光谱中，可见3 556 cm^{-1}（与OH^-有关）、2 877 cm^{-1}、2 515 cm^{-1}、2 488 cm^{-1}附近吸收峰
紫外可见光谱		蓝色磷灰石和褐色磷灰石，可见528 nm、583 nm、749 nm、804 nm、869 nm附近吸收峰，推测黄绿区的528 nm、583 nm附近吸收峰与磷灰石中常含有的稀土元素有关
拉曼光谱		使用532 nm激光作为激发光源时，磷灰石的拉曼光谱中可见1 052 cm^{-1}、964 cm^{-1}、590 cm^{-1}、431 cm^{-1}等处拉曼峰；使用785 nm激光作为激发光源时，拉曼光谱中的荧光背景较浅，覆盖了拉曼峰
热处理		绿色磷灰石可通过热处理变成紫蓝色

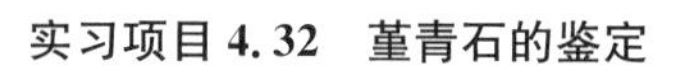

实习项目 4.32　堇青石的鉴定

鉴定项目		鉴定结果
成分		$Mg_2Al_4Si_5O_{18}$，含 Na、K、Ca、Fe、Mn 等元素及 H_2O
肉眼观察	颜色	浅至深的蓝、紫色，也可见无色、略带黄的白、绿、灰、褐等
	光泽	玻璃光泽
	透明度	透明到半透明
	色散	0.017，低，肉眼观察不到明显火彩
	特殊光学效应	星光效应，猫眼效应，砂金效应（稀少）
	琢型	各种形状的明亮琢型，椭圆形最常见，特殊光学效应的加工成弧面形
放大检查	内、外部特征	定向排列的氧化铁的薄片，反射光下可见红色片状反光（血滴堇青石）。不均匀断口，愈合裂隙，色带，气液包体
常规仪器测试	偏光效应	四明四暗，二轴晶干涉图
	折射率	折射率（*RI*）：1.542～1.551（+0.045，−0.011）；双折射率（*DR*）：0.008～0.012，B−
	多色性	强三色性，肉眼可见，蓝色、紫色和浅黄色（近于无色）、深蓝色
	特征光谱	不特征
	比重（*SG*）	约为 2.61
	硬度（*H*）	7～7.5
红外光谱		反射光谱可见 1 198 cm^{-1}、962 cm^{-1}、771 cm^{-1}、582 cm^{-1}、482 cm^{-1} 等处典型吸收峰
紫外可见光谱		370～450 nm 区域内四个弱吸收峰，580 nm 附近可见宽吸收带
拉曼光谱		1 180 cm^{-1}、971 cm^{-1}（Si—O 伸缩振动），669 cm^{-1}、555 cm^{-1}（Si—O 弯曲振动），428 cm^{-1}（Mg—O 弯曲振动），294 cm^{-1}、239 cm^{-1}（金属离子键性质的 M—O 伸缩振动及其与 Si—O—Si 弯曲振动的耦合振动）

实习项目 4.33　红柱石的鉴定

鉴定项目		鉴定结果
成分		Al_2SiO_5，含 V、Mn、Ti、Fe 等元素
肉眼观察	颜色	绿到红褐色，有时呈深绿色，偶见粉色；内有黑“十”字者称为空晶石，呈半透明灰色体色
	光泽	玻璃光泽
	透明度	透明到半透明
	色散	0.016，低，肉眼观察不到明显火彩
	琢型	各种形状的明亮琢型，椭圆形最常见

（续表）

鉴定项目		鉴定结果
放大检查	内外部特征	气液包裹体，矿物包裹体，针状包裹体；明显的近 90°的柱状解理，半贝壳状断口；空晶石变种的黑色碳质包体呈“十”字形分布
常规仪器测试	偏光效应	四明四暗，可见二轴晶干涉图
	折射率	折射率（*RI*）：1.634～1.643（±0.005）；双折射率（*DR*）：0.007～0.013，B—
	多色性	绿和红褐色的红柱石有非常强的三色性，通常肉眼可见，二色镜下可观察到强三色性：黄绿色、绿色、红褐色。据此可以和碧玺相区分
	紫外荧光灯下的发光性	长波：无；短波：无至中等的绿至黄绿色荧光
	比重（*SG*）	3.17（±0.04）
	硬度（*H*）	7～7.5
红外光谱		吸收峰位于 800～1 000 cm^{-1}（Si—O 伸缩振动），主要分布在 993 cm^{-1}、952 cm^{-1} 附近，强度相近；小于 500 cm^{-1}（Si—O 弯曲振动），主要分布在 498 cm^{-1}、457 cm^{-1} 附近，457 cm^{-1} 处频带较强；500～735 cm^{-1}（Al—O 的伸缩振动）；黑色部分的红外光谱吸收峰位于 1 198 cm^{-1}、1 072 cm^{-1} 处。透射光谱可见 3 653 cm^{-1}、3 527 cm^{-1}、3 462 cm^{-1}、3 275 cm^{-1}、3 246 cm^{-1}、2 771 cm^{-1}、2 606 cm^{-1} 处吸收带
紫外可见光谱		未见明显特征吸收
拉曼光谱		292 cm^{-1}（六配位铝引起，归属于 Al^{VI}—O 的完全振动），359 cm^{-1}（由 Si—O_{br} 弯曲振动），918 cm^{-1}、950 cm^{-1}（Si—O_{nb} 之间的对称伸缩振动），1 018 cm^{-1}（Si—O_{nb} 之间的反对称伸缩振动）
热处理		一些绿色红柱石加热产生粉色，稳定，不易检测

实习项目 4.34　方柱石的鉴定

鉴定项目		鉴定结果
成分		$Na_4Al_3Si_9O_{24}Cl$-$Ca_4Al_6Si_6O_{24}(CO_3, SO_4)$
肉眼观察	颜色	常见粉红色到紫色、黄色、无色，此外还有橙、绿、蓝等色
	光泽	玻璃光泽
	透明度	透明到半透明
	色散	0.017，低，肉眼观察不到明显火彩
	特殊光学效应	猫眼效应
	琢型	各种形状的明亮琢型，椭圆形最常见，少见阶梯琢型，特殊光学效应的加工成弧面形

（续表）

鉴定项目		鉴定结果
放大检查	内、外部特征	平行管状包裹体，针状包裹体，矿物包裹体，气液包裹体，生长纹，负晶，贝壳状断口
常规仪器测试	偏光效应	四明四暗，一轴晶干涉图，集合体为全亮
	折射率	折射率(RI)：1.550～1.564(+0.015，−0.014)；双折射率(DR)：0.004～0.037，U−(与水晶区别)。通常黄色品种的折射率和双折射率高于其他颜色品种
	多色性	在粉红色和紫色品种中较强，显示深蓝和淡紫蓝色；在黄色品种中为黄色和淡黄色或无色
	分光镜下的吸收光谱	粉色和紫色方柱石在红区有两条吸收带，在黄区有一条宽吸收带
	紫外荧光灯下的发光性	无至强，黄色品种可在短波下显示浅红色荧光，在长波下显示浅黄色荧光。据此可以和黄水晶相区分，后者为惰性
	比重(SG)	2.60～2.74
	硬度(H)	6～6.5
红外光谱		反射光谱可见 1 201 cm^{-1}、1 105 cm^{-1}、1 045 cm^{-1}、625 cm^{-1}、553 cm^{-1} 处典型吸收峰；透射光谱可见 3 055 cm^{-1}、2 966 cm^{-1}、2 629 cm^{-1}、2 507 cm^{-1} 处吸收峰
紫外可见光谱		浅黄色方柱石无明显吸收，仅在 420 nm、448 nm 附近有弱吸收峰，褐色品种无明显吸收
拉曼光谱		可见 261 cm^{-1}、361 cm^{-1}、457 cm^{-1}、536 cm^{-1}、773 cm^{-1} 等处典型吸收峰

实习项目 4.35　萤石的鉴定

鉴定项目		鉴定结果
成分		CaF_2
肉眼观察	颜色	除红或黑较少见以外，几乎可以看到所有颜色。蓝色约翰是一种条带状的紫到蓝白和浅蓝色品种，产于英国。中国产萤石常见具有色带的绿色、紫色和无色
	光泽	玻璃光泽到暗淡玻璃光泽
	透明度	透明到半透明
	色散	0007，低，肉眼观察不到明显火彩
	特殊光学效应	变色效应
	琢型	弧面和珠子常见，少见刻面琢型
放大检查	内、外部特征	气液包体，色带、两相包裹体、三相包裹体或多相包裹体；初始解理和矿物包裹体(黄铁矿)

（续表）

鉴定项目		鉴定结果
常规仪器测试	偏光效应	全暗，偶见异常消光
	折射率	折射率(*RI*)：1.434(±0.001)；双折射率(*DR*)：无
	多色性	无多色性
	分光镜下的吸收光谱	不特征
	紫外荧光灯下的发光性	因颜色而异，一般具有很强的紫或紫红色荧光。也有些呈惰性，受热发磷光，或者摩擦发光
	比重(*SG*)	3.18(+0.07，−0.18)
	硬度(*H*)	4，边棱易磨损
红外光谱		反射光谱，600～4 000 cm^{-1} 区域内无明显吸收；透射光谱中可见 2 922 cm^{-1}、1 644 cm^{-1}、1 560 cm^{-1} 处吸收峰
紫外可见光谱		紫色萤石可见 327 nm 处弱吸收峰及 576 nm 附近宽吸收峰；绿色萤石可见 333 nm 处弱吸收峰及 376 nm、450 nm、587 nm 附近宽吸收带
拉曼光谱		紫色萤石可见 323 cm^{-1} 处典型吸收峰，在 532 nm、785 nm 光源的激发下，绿色萤石显示较强的荧光背景
优化处理	热处理	黑色、深蓝色萤石热处理成蓝色，稳定，不易检测
	充填	放大检查可见充填部分表面光泽与主体宝石有差异，充填处可见气泡；红外光谱测试可见充填物特征红外吸收谱带；发光图像分析(如紫外荧光观察仪等)可观察充填物分布状态。如在充填时加入荧光剂，裂隙中荧光、磷光现象较强
	辐照处理	无色萤石可辐照成紫色，见光易褪色，很不稳定。无磷光效应的萤石也可通过辐照产生磷光效应
	覆膜	放大检查可见表面光泽异常，局部可见薄膜脱落现象；*RI* 可见异常；红外光谱和拉曼光谱测试可见膜层特征峰

实习项目 4.36　坦桑石的鉴定

鉴定项目		鉴定结果
成分		$Ca_2Al_3(SiO_4)_3(OH)$，含 V、Cr、Mn 等元素
肉眼观察	颜色	蓝、紫蓝至蓝紫色；其他呈褐、黄绿、粉等色，热处理后可显示鲜艳的蓝色、蓝紫色
	光泽	玻璃光泽
	透明度	透明到半透明
	色散	0.021，中等，肉眼观察不到明显火彩
	特殊光学效应	偶见猫眼效应

(续表)

鉴定项目		鉴定结果
肉眼观察	琢型	各种形状的明亮琢型，椭圆形最常见，为了增加体色，亭部通常加工的比较厚。特殊光学效应的加工成弧面形
放大检查	内、外部特征	气液包裹体，生长纹，阳起石、石墨和“十”字石等矿物包裹体
常规仪器测试	偏光效应	四明四暗，二轴晶干涉图
	折射率	折射率(*RI*)：1.691～1.700(±0.005)；双折射率(*DR*)：0.008～0.013，B+
	多色性	未处理的品种显示强三色性，热处理后显示紫、蓝二色性。 蓝色(坦桑石)：蓝，紫红和绿黄； 褐色：绿，紫和浅蓝； 黄绿色：暗蓝，黄绿和紫
	比重(*SG*)	3.35(+0.10，−0.25)
	硬度(*H*)	6～7，性脆
红外光谱		反射光谱中，可见 1 138 cm^{-1}、1 106 cm^{-1}、976 cm^{-1}、899 cm^{-1}、675 cm^{-1}、579 cm^{-1}、455 cm^{-1} 处典型吸收峰。透射光谱中，可见 3 816 cm^{-1} 处典型吸收峰
紫外可见光谱		可见 754 nm、593 nm、529 nm 处吸收峰
拉曼光谱		可见 983 cm^{-1}、929 cm^{-1}、870 cm^{-1}、596 cm^{-1}、492 cm^{-1}、433 cm^{-1}、312 cm^{-1} 处典型吸收峰
优化处理	热处理	坦桑石的热处理属于优化，市场上常见并被广泛接受。某些带褐色调的黝帘石经过 600℃～650℃的加热处理后，晶格结构中的 V^{3+} 变为 V^{4+}，褐色调减弱，产生紫蓝色，颜色鲜艳，热处理后往往显示二色性，颜色稳定，不易检测
	覆膜处理	覆膜处理用于改善坦桑石的颜色，但处理方法不持久，放大检查可见表面光泽异常，局部(尤其是棱角处)可见薄膜脱落现象；处理后的颜色艳丽，但光泽呆滞，颜色界限较为分明；*RI* 可见异常；红外光谱和拉曼光谱测试可见膜层特征峰。成分分析仪器(如 X 射线荧光光谱分析仪等)能检测出外来元素(如钴、钛等)含量异常

实习项目 4.37　菱锰矿的鉴定

鉴定项目		鉴定结果
成分		$MnCO_3$，可含 Fe、Ca、Zn、Mg 等元素
肉眼观察	颜色	单晶为红色，粉红色、粉橙色、橙红色；集合体为粉红色，可见白色脉纹锯齿状穿插，集合体又称红纹石
	光泽	玻璃到弱玻璃光泽
	透明度	透明到半透明
	特殊的光学效应	四射星光有报道
	琢型	多为弧面、珠子或者随形，少见刻面形，集合体常见雕件

（续表）

鉴定项目		鉴定结果
放大检查	内、外部特征	裂隙发育；气液包裹体，矿物包裹体，解理，透明品种可以观察到刻面棱重影；集合体呈多晶质结构，粒状结构，条带或层状构造，在未抛光的集合体表面可见解理片闪光
常规仪器测试	偏光效应	四明四暗或者全亮
	折射率	折射率（*RI*）：1.597～1.817（±0.003）；双折射率（*DR*）：0.220（集合体不可测），由于一个 *RI* 值高于折射油的读数（通常为 1.78 左右），在折射仪上观察给人以单折射的假象
	多色性	中等至强多色性，橙黄色，红色
	分光镜下的吸收光谱	锰致色，以 410 nm、450 nm、540 nm 为中心的弱吸收带
	查尔斯滤色镜下特征	不特征
	紫外荧光灯下的发光性	长波：无至中等的粉色；短波：无至弱红色
	比重（*SG*）	3.60（＋0.10，－0.15）
	硬度（*H*）	3～5，较软，易磨损
红外光谱		反射光谱，可见以 1 462 cm^{-1} 为中心的宽红外峰，1 404 cm^{-1} 处弱红外峰，868 cm^{-1} 处较尖锐红外峰（$[CO_3]^{2-}$ 面外弯曲振动），723 cm^{-1} 处吸收峰（$[CO_3]^{2-}$ 面内弯曲振动）
紫外可见光谱		可见多个波长低于 600 nm 的吸收峰，其中 342 nm、410 nm 处吸收峰与 Mn^{2+} 有关
拉曼光谱		286 cm^{-1}（$[CO_3]^{2-}$ 中 C-O 面外弯曲振动）、718 cm^{-1}（$[CO_3]^{2-}$ 中 C-O 面内弯曲振动）、1 084 cm^{-1}（$[CO_3]^{2-}$ 中 C-O 对称伸缩振动），1 413 cm^{-1}（反对称伸缩振动），1 728 cm^{-1}（面内弯曲）
优化处理	充填	放大检查可见充填部分表面光泽与主体玉石有差异，充填处可见气泡；长、短波紫外光下，充填部分荧光多与主体玉石有差异；红外光谱测试可见充填物特征红外吸收谱带；发光图像分析（如紫外荧光观察仪等）可观察充填物分布状态

实习项目 4.38　锂辉石的鉴定

鉴定项目		鉴定结果
成分		$LiAlSi_2O_6$；可含 Fe、Mn、Ti、Ga、Cr、V、Co、Ni、Cu、Sn 等元素
肉眼观察	颜色	粉红至蓝紫红、绿、黄、蓝、无色，通常色调较浅，含铬的翠绿色品种为翠铬锂辉石，含锰的紫色品种为紫锂辉石，含铁不含铬元素的绿色品种只能被称为绿色锂辉石
	光泽	玻璃光泽

（续表）

鉴定项目		鉴定结果
肉眼观察	透明度	透明
	色散	0.017，低，肉眼观察不到明显火彩
	特殊光学效应	可显示星光或者猫眼效应
	琢型	多为各种形状的明亮琢型，特殊光学效应的可加工成弧面
放大检查	内、外部特征	内部常见气泡，管状包裹体和固体包裹体，近于90°的完全的柱状解理，半贝壳状断口
常规仪器测试	偏光效应	四明四暗，二轴晶干涉图
	折射率	折射率（*RI*）：1.660～1.676（±0.005）；双折射率（*DR*）：0.014～0.016，B+
	多色性	色深者较明显，紫锂辉石为浅紫红、粉红和近无色；翠铬锂辉石为深绿、蓝绿、淡黄绿色
	分光镜下的吸收光谱	翠铬锂辉石可见铬光谱，红区有多条吸收线
	查尔斯滤色镜下特征	不特征
	紫外荧光灯下的发光性	粉红至蓝紫红色品种：在长波紫外光下显示中至强的粉红至橙色荧光；短波紫外光下显示弱至中粉红至橙色荧光； 黄绿色品种：长波显示弱，橙黄色；短波显示极弱，橙黄色
	比重（*SG*）	3.18（±0.03）
	硬度（*H*）	6.5～7
红外光谱		反射光谱可见490 cm^{-1}、532 cm^{-1}、598 cm^{-1}、941 cm^{-1}、1 111 cm^{-1}、1 184 cm^{-1} 处典型吸收峰
紫外可见光谱		可见340 nm、538 nm、680 nm附近宽吸收带
拉曼光谱		使用785 nm激光作为激光激发光源，可见248 cm^{-1}、354 cm^{-1}、393 cm^{-1}、522 cm^{-1}、707 cm^{-1}、1 072 cm^{-1} 处吸收峰；使用532 nm激光作为激发光源时，仅在354 cm^{-1}、393 cm^{-1}、707 cm^{-1}、1 072 cm^{-1} 处显示相对强度较弱的吸收峰
优化处理	辐照处理	无色或近于无色的锂辉石经辐照可转变成粉色，紫色锂辉石可转变成暗绿色，稍加热或见光会褪色，不易检测

实习项目4.39　透辉石的鉴定

鉴定项目		鉴定结果
成分		$CaMgSi_2O_6$；可含Cr、Fe、V、Mn等元素
肉眼观察	颜色	绿到褐色，无色和黑色。由铬致色的亮绿色品种为铬透辉石；具四射不对称星光的黑色品种为星光透辉石；块状紫色品种为紫色透辉石

（续表）

鉴定项目		鉴定结果
肉眼观察	光泽	玻璃光泽
	透明度	透明到不透明
	特殊光学效应	猫眼和星光效应。星光宝石星线为75°和105°夹角，因为含有铁矿物，黑色星光宝石可能被磁铁吸引
	琢型	铬透辉石多加工成明亮琢型，常为椭圆形，少见阶梯琢型；星光透辉石加工成弧面
放大检查	内外部特征	气液包裹体及晶体包裹体，铬透辉石可见刻面棱重影。两组近于90°的柱状解理，贝壳状断口
常规仪器测试	偏光效应	四明四暗，二轴晶干涉图
	折射率	折射率（*RI*）：1.675～1.701（+0.029，−0.010），点测法常为1.68；双折射率（*DR*）：0.024～0.030，B+
	多色性	弱到中等多色性，体色的不同色调
	分光镜下的吸收光谱	铬透辉石显示铬谱
	查尔斯滤色镜下特征	铬透辉石为红色
	紫外荧光灯下的发光性	绿色透辉石：长波绿；短波无
	比重（*SG*）	3.26～3.32
	硬度（*H*）	5.5
红外光谱		铬透辉石反射光谱，850～1 122 cm^{-1} 区域内 920 cm^{-1}、962 cm^{-1}、1 122 cm^{-1} 处吸收最强（Si—O振动），673 cm^{-1}、640 cm^{-1} 处强度较弱（Si—O振动），552 cm^{-1}、509 cm^{-1}、448 cm^{-1} 处有吸收（Si—O弯曲振动 M—O伸缩振动）；透射光谱，透辉石猫眼及铬透辉石在3 600 cm^{-1} 附近有吸收（OH^- 振动）
紫外可见光谱		绿色透辉石猫眼及绿色铬透辉石的吸收峰主要在640 nm、650 nm、690 nm处
拉曼光谱		1 011 cm^{-1}（Si—O对称伸缩振动）、666 cm^{-1}（Si—O—Si对称伸缩振动）、508 cm^{-1}（M—O伸缩振动和Si—O—Si弯曲振动耦合谱带）、391 cm^{-1}（M—O弯曲振动）、324 cm^{-1}（M—O弯曲振动）、140 cm^{-1} 处特征峰

实习项目4.40　葡萄石的鉴定

鉴定项目		鉴定结果
成分		$Ca_2Al(AlSi_3O_{10})(OH)_2$，可含Fe、Mg、Mn、Na、K等元素
肉眼观察	颜色	白，浅黄，肉红，带各种色调的绿色
	光泽	暗淡玻璃光泽

（续表）

鉴定项目		鉴定结果
肉眼观察	透明度	透明至半透明
	特殊光学效应	偶见猫眼效应，常显示乳光效应
	琢型	多为弧面或者水滴弧面形，还可见各种形状的明亮琢型
放大检查	内、外部特征	矿物包裹体，纤维状结构，放射状构造
常规仪器测试	偏光效应	全亮
	折射率	折射率（*RI*）：1.616～1.649（+0.016，−0.031）；双折射率（*DR*）：0.020～0.035，集合体常为点测，1.63左右，B+
	紫外荧光灯下的发光性	惰性
	比重（*SG*）	2.80～2.95
	硬度（*H*）	6～6.5
红外光谱		反射光谱可见1 086 cm^{-1}、1 027 cm^{-1}、945 cm^{-1}、820 cm^{-1}、763 cm^{-1}、540 cm^{-1}、489 cm^{-1}处典型吸收峰
紫外可见光谱		绿色葡萄石在585 nm处可见明显吸收，250～420 nm区域存在宽吸收带
拉曼光谱		可见318 cm^{-1}、387 cm^{-1}、519 cm^{-1}、782 cm^{-1}、930 cm^{-1}、991 cm^{-1}、1 080 cm^{-1}处典型吸收峰

实习项目4.41　蔷薇辉石的鉴定

鉴定项目		鉴定结果
成分		$(Mn,Fe,Mg,Ca)SiO_3$
肉眼观察	颜色	单晶为红色，浅红色、粉红色、紫红色；集合体常见黑色或者白色斑点和脉纹，集合体常见
	光泽	玻璃光泽
	透明度	不透明到微透明，透明罕见
	琢型	多为弧面和随形雕件
放大检查	内、外部特征	集合体为粒状结构，常含有黑色或者白色的斑点和脉纹
常规仪器测试	偏光效应	单晶品种显示四明四暗
	折射率	折射率（*RI*）：1.733～1.747（+0.010，−0.013），点测法常为1.73，因常含石英可低至1.54；双折射率（*DR*）：0.011～0.014，B−/B+，集合体不可测

（续表）

鉴定项目		鉴定结果
常规仪器测试	多色性	弱到中等多色性，橙红色或棕红色
	比重（*SG*）	3.50（+0.26，−0.20）
	硬度（*H*）	5.5～6.5
红外光谱		红外反射光谱，可见 1 080 cm^{-1}、1 007 cm^{-1}、959 cm^{-1}（Si—O 与 Si—O—Si 伸缩振动和弯曲振动）、898 cm^{-1}、579 cm^{-1}、502 cm^{-1} 等处典型吸收峰
紫外可见光谱		可见以 646 nm、543 nm 为中心吸收带及 410 nm 处吸收峰
拉曼光谱		可见 420 cm^{-1}（M—O 伸缩或者弯曲振动）、510 cm^{-1}（O—Si—O 弯曲振动）、669 cm^{-1}（Si—O_b 伸缩振动）、975 cm^{-1}、999 cm^{-1}、1 044 cm^{-1}（Si—O_{nb} 伸缩振动）处吸收峰

实习项目 4.42　查罗石的鉴定

鉴定项目		鉴定结果
成分		紫硅碱钙石：$(K, Na)_5(Ca, Ba, Sr)_8(Si_6O_{15})_2Si_4O_9(OH, F)\cdot 11H_2O$
肉眼观察	颜色	浅紫到紫色、紫蓝色，含有白色、金黄色、黑色、褐色、棕色斑点
	光泽	玻璃到蜡状光泽，局部为丝绢光泽
	透明度	半透明到微透明
	琢型	多为弧面、珠子或者随形雕件
放大检查	内、外部特征	纤维状或束状结构，含有白色斑点或斑块。偶尔见金黄色斑点及绿黑色、褐色斑点，集合体块状
常规仪器测试	折射率	折射率（*RI*）：1.550～1.559（±0.002），随成分不同而变化，常为点测
	分光镜下的吸收光谱	不特征
	紫外荧光灯下的发光性	长波：无到弱，斑块状红色荧光；短波：惰性
	比重（*SG*）	2.68（+0.10，−0.14）
	硬度（*H*）	5～6
红外光谱		红外反射光谱，可见 1 115 cm^{-1}、997 cm^{-1}、953 cm^{-1}、627 cm^{-1}、488 cm^{-1}、455 cm^{-1} 附近典型吸收峰
紫外可见光谱		可见以 550 nm 为中心的宽吸收带
拉曼光谱		可见 639 cm^{-1}、677 cm^{-1}、1 059 cm^{-1}、1 142 cm^{-1} 等处拉曼峰（Si—O 振动），247 cm^{-1}、432 cm^{-1}（为 M—O 振动所致）等处拉曼峰

3）罕见彩色宝石

实习项目 4.43 符山石的鉴定

鉴定项目		鉴定结果
成分		$Ca_{10}Mg_2Al_4(SiO_4)_5(Si_2O_7)_2(OH)_4$，可含有 Cu、Fe 等元素
肉眼观察	颜色	黄绿、棕黄、浅蓝、绿蓝、灰、白等色，常见斑点状色斑
	光泽	玻璃光泽
	透明度	半透明
	色散	0.019，中等，肉眼观察不到明显火彩
	琢型	透明品种加工成刻面形，集合体加工成弧面或者雕件
放大检查	内、外部特征	气液包裹体，矿物包裹体；集合体呈粒状或柱状结构，集合体符山石又名加州玉，外观似翡翠，但原石上没有翠性(苍蝇翅闪光)
常规仪器测试	偏光效应	四明四暗，集合体为全亮
	折射率	折射率(RI)：1.713～1.718(＋0.003，－0.013)，点测常为 1.71；双折射率(DR)：0.001～0.012，集合体不可测
	多色性	无至弱多色性
	分光镜下的吸收光谱	可见 464 nm、528.5 nm 处吸收线
	查尔斯滤色镜下特征	不特征
	比重(SG)	3.40(＋0.10，－0.15)
	硬度(H)	6～7
红外光谱		反射光谱中，可见 1 024 cm^{-1}、962 cm^{-1}、914 cm^{-1}(Si—O—Si 反对称伸缩振动)，792 cm^{-1}、630 cm^{-1}(Si—O—Si 对称伸缩振动)，486 cm^{-1}、436 cm^{-1}(Si—O 弯曲振动)处吸收峰
紫外可见光谱		可见 300～400 nm 弱吸收带
拉曼光谱		可见 371 cm^{-1} 和 413 cm^{-1}(与金属离子 M 对 O 引起的平移有关)、638 cm^{-1} 和 693 cm^{-1}(Si-O 弯曲振动)、863 cm^{-1} 和 929 cm^{-1}(Si-O 伸缩振动)

实习项目 4.44 硅铍石的鉴定

鉴定项目		鉴定结果
成分		Be_2SiO_4，可含 Mg、Ca、Al、Na 等元素
肉眼观察	颜色	无色常见，偶见黄色、浅红色、褐色
	光泽	玻璃光泽
	透明度	透明
	色散	0.015，中等，肉眼观察不到明显火彩
	琢型	各种形状的明亮琢型

（续表）

鉴定项目		鉴定结果
放大检查	内、外部特征	气液包裹体，矿物包裹体，常见片状云母或针硫铋铅矿
常规仪器测试	偏光效应	四明四暗，一轴晶干涉图
	折射率	折射率(*RI*)：1.654～1.670(+0.026，−0.004)；双折射率(*DR*)：0.016，U+
	多色性	弱至中等多色性，因颜色而异
	紫外荧光灯下的发光性	弱粉红色、浅蓝色或绿色荧光
	比重(*SG*)	2.95(±0.05)
	硬度(*H*)	7～8，脆性
红外光谱		反射光谱中，可见 1 038 cm^{-1}、1 014 cm^{-1}(Si—O—Si 反对称伸缩振动)，987 cm^{-1}、902 cm^{-1}(Si—O—Si 对称伸缩振动)，688 cm^{-1}、638 cm^{-1}(Si—O 对称伸缩振动)处吸收峰，透射光谱可见 3 124 cm^{-1}、3 385 cm^{-1} 处吸收峰
紫外可见光谱		220～350 nm 区域内有弱吸收带
拉曼光谱		222 cm^{-1}(硅铍石晶格振动)，600 cm^{-1}、879 cm^{-1}(Be—O 振动)，444 cm^{-1}、951 cm^{-1}(Si—O—Si 反对称伸缩振动和对对称伸缩振动)

实习项目 4.45 硼铝镁石的鉴定

鉴定项目		鉴定结果
成分		$MgAlBO_4$，可含 Fe 等元素
肉眼观察	颜色	浅黄色、绿黄至褐黄、褐等色，少见浅粉色
	光泽	玻璃光泽
	透明度	透明到半透明
	色散	0.017，中等，肉眼观察不到明显火彩
	琢型	各种形状的明亮琢型
放大检查	内、外部特征	气液包裹体，矿包裹体，生长纹，可见刻面棱重影。贝壳状断口
常规仪器测试	偏光效应	四明四暗，二轴晶干涉图
	折射率	折射率(*RI*)：1.668～1.707(+0.005，−0.003)；双折射率(*DR*)：0.036～0.039，B−
	多色性	明显，淡褐、绿褐和深褐
	分光镜下的吸收光谱	在蓝和蓝绿区有四个吸收带，493 nm、475 nm、463 nm、452 nm 处的吸收峰光谱与橄榄石的相似，但橄榄石的光谱在该区只有三个吸收带
	比重(*SG*)	3.48(±0.02)
	硬度(*H*)	6～7

（续表）

鉴定项目	鉴定结果
红外光谱	反射光谱，950～1 100 cm^{-1}（BO_4^{5-} 非对称伸缩运动），700～850 cm^{-1}（BO_4^{5-} 对称伸缩运动），400～700 cm^{-1}（BO_4^{5-} 弯曲运动）
紫外可见光谱	可见 492 nm、451 nm 处典型吸收线，部分样品可见到 463 nm、475 nm 处吸收线
拉曼光谱	可见 481 cm^{-1}、492 cm^{-1}、606 cm^{-1}、743 cm^{-1}、860 cm^{-1}、1 045 cm^{-1} 等处拉曼峰

实习项目 4.46　蓝晶石的鉴定

鉴定项目		鉴定结果
成分		Al_2SiO_5，可含 Cr、Fe、Ca、Mg、Ti 等元素
肉眼观察	颜色	浅至深蓝色，还有绿色、黄色、灰色、褐色、无色等，色带明显
	光泽	玻璃光泽
	透明度	透明到半透明
	色散	0.020，中等，肉眼观察不到明显火彩
	特殊光学效应	猫眼效应
	琢型	长阶梯琢型最为常见，还可见弧面琢型
放大检查	内、外部特征	气液包裹体，矿物包裹体，解理，色带
常规仪器测试	偏光效应	四明四暗，二轴晶干涉图
	折射率	折射率(*RI*)：1.716～1.731(±0.004)；双折射率(*DR*)：0.012～0.017，B−
	多色性	中等，无色、深蓝色和紫蓝色
	分光镜下的吸收光谱	435 nm、445 nm 处吸收线
	查尔斯滤色镜下特征	不特征
	紫外荧光灯下的发光性	长波弱红色，短波惰性
	比重(*SG*)	3.68(+0.01，−0.12)
	硬度(*H*)	差异莫氏硬度，3～4 和 6～7
红外光谱		反射光谱中，吸收峰位于 900～1 040 cm^{-1}（Si—O 伸缩振动），600～730 cm^{-1}（Si—O 弯曲振动），430～570 cm^{-1}（O—Si—O 弯曲振动），可见 1 024 cm^{-1}、976 cm^{-1}、692 cm^{-1}、640 cm^{-1}、434 cm^{-1} 处典型吸收峰，透射光谱中，可见 3 628 cm^{-1}、2 924 cm^{-1}、2 852 cm^{-1} 处典型吸收峰

(续表)

鉴定项目	鉴定结果
紫外可见光谱	与 Fe 有关的 370 nm、390 nm、414 nm 处吸收峰，与 $Fe^{2+}-Ti^{4+}$ 电荷转移有关的以 600 nm 为中心的宽吸收带，与 Cr 元素有关的 690 nm、707 nm 处荧光峰
拉曼光谱	300 cm^{-1}（六配位铝引起，Al—O 对称弯曲振动），486 cm^{-1}（$Si—O_{nb}$ 之间对称弯曲振动），951 cm^{-1}（$Si—O_{nb}$ 之间的对称伸缩振动）

实习项目 4.47　矽线石的鉴定

鉴定项目		鉴定结果
成分		Al_2SiO_5，可含 Fe 等元素
肉眼观察	颜色	白至灰、褐、绿等色，少见紫蓝至灰蓝色
	光泽	玻璃光泽至丝绢光泽
	透明度	透明到半透明
	特殊光学效应	猫眼效应
	琢型	各种刻面形，特殊光学效应的加工成弧面
放大检查	内、外部特征	气液包裹体，矿物包裹体；集合体呈纤维状结构
常规仪器测试	偏光效应	四明四暗，二轴晶干涉图
	折射率	折射率(*RI*)：1.659～1.680(+0.004，−0.006)；双折射率(*DR*)：0.015～0.021，B+
	多色性	蓝色品种显示强多色性，无色，浅黄和蓝
	分光镜下的吸收光谱	以 410 nm、441 nm、462 nm 为中心的弱吸收带
	查尔斯滤色镜下特征	不典型
	紫外荧光灯下的发光性	蓝色：弱；红色
	比重(*SG*)	3.25(+0.02，−0.11)
	硬度(*H*)	6～7.5
红外光谱		反射光谱可见 1 203 cm^{-1}、980 cm^{-1}、906 cm^{-1}、845 cm^{-1}、818 cm^{-1}、704 cm^{-1}、589 cm^{-1} 处典型吸收峰；透射光谱中，矽线石猫眼显示 3 554 cm^{-1}、3 246 cm^{-1} 处吸收峰
紫外可见光谱		未见典型吸收
拉曼光谱		可见 142 cm^{-1}、235 cm^{-1}、595 cm^{-1}、710 cm^{-1}、870 cm^{-1}、961 cm^{-1} 等处吸收峰

实习项目 4.48　榍石的鉴定

鉴定项目		鉴定结果
成分		$CaTiSiO_5$
肉眼观察	颜色	常见黄、绿、褐色，此外还有橙、无色等，少见红色
	光泽	树脂到亚金刚光泽
	透明度	透明
	色散	0.051，色散强，肉眼可见明显火彩
	琢型	各种形状的明亮琢型
放大检查	内、外部特征	气液包裹体，指纹状包裹体，矿物包裹体，刻面棱重影。发育两个方向的解理，沿着双晶面可产生裂理
常规仪器测试	偏光效应	四明四暗，二轴晶干涉图
	折射率	折射率（*RI*）：1.900～2.034（±0.020），负读数；双折射率（*DR*）：0.100～0.135，可见刻面棱重影，B+
	多色性	强三色性，绿黄色、红黄色和近于无色
	分光镜下的吸收光谱	可见稀土元素光谱
	比重（*SG*）	3.52（±0.02）
	硬度（*H*）	5～5.5
红外光谱		反射光谱中，可见 800～1 100 cm^{-1}（$[SiO_4]^{4-}$ 四面体的伸缩振动）和 800 cm^{-1} 以下（$[SiO_4]^{4-}$ 四面体及阳离子配位多面体的振动）吸收峰，具体可见 955 cm^{-1}、746 cm^{-1}、567 cm^{-1}、432 cm^{-1} cm^{-1} 处典型吸收峰，透射光谱可见 2 787 cm^{-1}、2 576 cm^{-1} 处吸收峰
紫外可见光谱		可见以 607 nm 为中心吸收带
拉曼光谱		可见 871 cm^{-1}、859 cm^{-1}、608 cm^{-1}、542 cm^{-1}、423 cm^{-1}、317 cm^{-1}、253 cm^{-1}、163 cm^{-1} 处吸收峰，其中 608 cm^{-1} 处吸收峰强度最强

实习项目 4.49　柱晶石的鉴定

鉴定项目		鉴定结果
成分		$Mg_3Al_6(Si,Al,B)_5O_{21}(OH)$
肉眼观察	颜色	黄绿至褐绿、蓝绿、黄、褐等色，少见无色
	光泽	玻璃光泽
	透明度	透明到半透明
	色散	0.019，中等，肉眼观察不到明显火彩
	特殊光学效应	猫眼效应，星光效应（极稀少）
	琢型	各种形状的明亮琢型和阶梯琢型

(续表)

鉴定项目		鉴定结果
放大检查	内、外部特征	气液包裹体,矿物包裹体,生长纹,针状包裹体
常规仪器测试	偏光效应	四明四暗,二轴晶干涉图,有时可显示一轴晶干涉图假像
	折射率	折射率(*RI*):1.667~1.680(±0.003);双折射率(*DR*):0.012~0.017,B−
	多色性	褐绿色:强,绿、黄和红褐
	分光镜下的吸收光谱	可见以503 nm为中心吸收带
	查尔斯滤色镜下特征	不特征
	紫外荧光灯下的发光性	无至强,黄色
	比重(*SG*)	3.30(+0.05, −0.03)
	硬度(*H*)	6~7
红外光谱		反射光谱可见1 160 cm^{-1}、1 124 cm^{-1}、996 cm^{-1}、890 cm^{-1}、738 cm^{-1}、606 cm^{-1}处典型吸收峰
紫外可见光谱		绿色柱晶石可见以424 nm、680 nm为中心吸收带
拉曼光谱		可见968 cm^{-1}、759 cm^{-1}、704 cm^{-1}(Si—O—Si和Si—O—Al伸缩振动)及881 cm^{-1}(与B有关)处吸收峰

实习项目4.50　绿帘石的鉴定

鉴定项目		鉴定结果
成分		$Ca_2(Al,Fe)_3(Si_2O_7)(SiO_4)O(OH)$
肉眼观察	颜色	浅至深绿、棕褐、黄、黑等色
	光泽	玻璃光泽至油脂光泽
	透明度	透明、半透明到不透明
	色散	0.030,较高,肉眼可观察到不明显火彩
	琢型	透明品种(较少)加工成刻面形,半透明或者不透明度品种加工成弧面或者雕件
放大检查	内、外部特征	气液包裹体,矿物包裹体,生长纹,可见刻面棱重影
常规仪器测试	偏光效应	四明四暗,二轴晶干涉图
	折射率	折射率(*RI*):1.729~1.768(+0.012, −0.035);双折射率(*DR*):0.019~0.045,B−

（续表）

鉴定项目		鉴定结果
常规仪器测试	多色性	强三色性，绿、褐和黄
	分光镜下的吸收光谱	以 445 nm 为中心强吸收带，有时 475 nm 处显示弱吸收峰
	紫外荧光灯下的发光性	通常无
	比重(SG)	3.40(+0.10，−0.15)
	硬度(H)	6～7
特殊性质		遇热盐酸能部分溶解；遇氢氟酸能快速溶解
红外光谱		反射光谱中，可见 523 cm^{-1}、581 cm^{-1}、653 cm^{-1}、958 cm^{-1}、1 058 cm^{-1}、1 123 cm^{-1} 处典型吸收峰，透射光谱可见 3 448 cm^{-1}、3 348 cm^{-1} 处吸收峰
紫外可见光谱		褐黄色绿帘石样品显示 450 nm 处强吸收峰、475 nm 附近弱吸收峰及 405 nm 附近宽吸收带
拉曼光谱		可见 352 cm^{-1}、428 cm^{-1}、453 cm^{-1}、572 cm^{-1}、606 cm^{-1}、913 cm^{-1}、985 cm^{-1}、1 094 cm^{-1} 处典型拉曼峰

实习项目 4.51　鱼眼石的鉴定

鉴定项目		鉴定结果
成分		$KCa_4Si_8O_{20}(F, OH) \cdot 8H_2O$
肉眼观察	颜色	无色、黄、绿、紫、粉红等色
	光泽	玻璃光泽至珍珠光泽
	透明度	透明
	琢型	各种形状明亮琢型
放大检查	内、外部特征	矿物包裹体
常规仪器测试	偏光效应	四明四暗，一轴晶干涉图
	折射率	折射率(RI)：1.535～1.537；双折射率(DR)：0.002，U−
	多色性	因颜色而异
	分光镜下的吸收光谱	不特征
	查尔斯滤色镜下特征	不特征
	紫外荧光灯下的发光性	长波：无；短波：无至弱，淡黄色

（续表）

鉴定项目		鉴定结果
常规仪器测试	比重(*SG*)	2.40(±0.10)
	硬度(*H*)	4～5
红外光谱		反射光谱可见 474 cm^{-1}、505 cm^{-1}、544 cm^{-1}、602 cm^{-1}、762 cm^{-1}、789 cm^{-1}、1 024 cm^{-1}、1 126 cm^{-1} 处典型吸收峰
紫外可见光谱		无色鱼眼石 269 nm、287 nm 附近显示弱吸收带
拉曼光谱		可见 431 cm^{-1}、584 cm^{-1}、1 060 cm^{-1} 处吸收峰

实习项目 4.52　天蓝石的鉴定

鉴定项目		鉴定结果
成分		$MgAl_2(PO_4)_2(OH)_2$
肉眼观察	颜色	深蓝、蓝绿、紫蓝、蓝白、天蓝等色
	光泽	玻璃光泽
	透明度	透明
	琢型	各种形状的明亮琢型
放大检查	内、外部特征	气液包裹体，矿物包裹体，可见刻面棱重影；集合体呈粒状结构、致密块状构造
常规仪器测试	偏光效应	四明四暗，二轴晶干涉图
	折射率	折射率(*RI*)：1.612～1.643(±0.005)；双折射率(*DR*)：0.031，B－
	多色性	强多色性，暗紫蓝，浅蓝和无色；集合体不可测
	比重(*SG*)	3.09(＋0.08，－0.01)
	硬度(*H*)	5～6

实习项目 4.53　塔菲石的鉴定

鉴定项目		鉴定结果
成分		$MgBeAl_4O_8$，可含 Ca、Fe、Mn、Cr 等元素
肉眼观察	颜色	粉至红、蓝、紫、紫红、棕、绿、无色等
	光泽	玻璃光泽
	透明度	透明
	色散	0.019，中等，肉眼观察不到明显火彩
	琢型	各种形状的明亮琢型
放大检查	内、外部特征	气液包裹体，矿物包裹体

（续表）

鉴定项目		鉴定结果
常规仪器测试	偏光效应	四明四暗，一轴晶干涉图
	折射率	折射率(*RI*)：1.719～1.723(±0.002)；双折射率(*DR*)：0.004～0.005，U－
	多色性	因颜色而异
	分光镜下的吸收光谱	不特征，可见以458 nm为中心弱吸收带
	紫外荧光灯下的发光性	无至弱，绿色
	比重(*SG*)	3.61(±0.01)
	硬度(*H*)	8～9

实习项目4.54 蓝锥矿的鉴定

鉴定项目		鉴定结果
成分		$BaTiSi_3O_9$
肉眼观察	颜色	蓝、紫蓝，常见具环带的浅蓝、无色、白色等，少见粉色
	光泽	玻璃光泽至亚金刚光泽
	透明度	透明
	色散	0.044，色散强，肉眼可观察到明显火彩
	琢型	各种形状的明亮琢型
放大检查	内、外部特征	气液包裹体，矿物包裹体，生长纹，色带，可观察到刻面棱重影
常规仪器测试	偏光效应	四明四暗，一轴晶干涉图
	折射率	折射率(*RI*)：1.757～1.804；双折射率(*DR*)：0.047，U＋
	多色性	因颜色而异。蓝色：强，蓝，无色；紫色：紫红，紫
	紫外荧光灯下的发光性	长波：无；短波：强，蓝白
	比重(*SG*)	3.68(＋0.01，－0.07)
	硬度(*H*)	6～7
红外光谱		反射光谱中，可见1 061 cm^{-1}(O—Si—O反对称伸缩振动峰)，937 cm^{-1}(O—Si—O对称伸缩振动峰)，768 cm^{-1}(Ti—O键有关)，498 cm^{-1}、451 cm^{-1}(Si—O弯曲振动峰、Si—O—M以及M—O面内振动及其耦合)处吸收峰
紫外可见光谱		橙黄区639 nm左右有一个弱吸收宽谷，样品紫色越深，吸收越强。蓝锥矿多色性很强，不同结晶方向可能得到差别很大的吸收光谱

（续表）

鉴定项目	鉴定结果
拉曼光谱	218 cm^{-1}、371 cm^{-1}、574 cm^{-1}、935 cm^{-1} 处较强的吸收峰，161 cm^{-1}、266 cm^{-1}、535 cm^{-1} 处弱吸收峰 cm^{-1}

实习项目 4.55　重晶石的鉴定

鉴定项目		鉴定结果
成分		(Ba,Sr)SO_4，Ba 含量大于 Sr 含量
肉眼观察	颜色	无色至红、黄、绿、蓝、褐等色
	光泽	玻璃光泽
	透明度	透明
	琢型	各种形状的明亮琢型
放大检查	内、外部特征	气液包裹体，矿物包裹体，生长纹
常规仪器测试	偏光效应	四明四暗，一轴晶干涉图
	折射率	折射率(*RI*)：1.636～1.648(+0.001，−0.002)；双折射率(*DR*)：0.012，B+
	多色性	无至弱，因颜色而异
	紫外荧光灯下的发光性	偶见荧光和磷光，弱蓝或浅绿
	比重(*SG*)	4.50(+0.10，−0.20)
	硬度(*H*)	3～4
红外光谱		反射光谱中，可见 1 193 cm^{-1}、1 128 cm^{-1}、634 cm^{-1}、609 cm^{-1} 处吸收峰；透射光谱中，可见 3 025 cm^{-1}、2 832 cm^{-1}、2 443 cm^{-1} 处存在较明显的吸收峰
紫外可见光谱		浅蓝色重晶石显示以 488 nm、747 nm 为中心吸收宽带
拉曼光谱		可见 988 cm^{-1}、462 cm^{-1}、1 142 cm^{-1}、657 cm^{-1}、623 cm^{-1} 等处拉曼峰

实习项目 4.56　天青石的鉴定

鉴定项目		鉴定结果
成分		(Sr, Ba)SO_4，其中 Sr 含量大于 Ba 含量，可含 Pb、Ca、Fe 等元素
肉眼观察	颜色	浅蓝、无色、黄、橙、绿等
	光泽	玻璃光泽
	透明度	透明
	琢型	各种形状的明亮琢型
放大检查	内、外部特征	气液包裹体，矿物包裹体，生长纹

（续表）

鉴定项目		鉴定结果
常规仪器测试	偏光效应	四明四暗，二轴晶干涉图
	折射率	折射率（*RI*）：1.619～1.637；双折射率（*DR*）：0.018，B+
	多色性	弱，因颜色而异
	分光镜下的吸收光谱	不特征
	紫外荧光灯下的发光性	通常无，有时可显弱荧光
	比重（*SG*）	3.87～4.30
	硬度（*H*）	3～4
红外光谱		反射光谱中，可见 993 cm^{-1}、1 244 cm^{-1}、648 cm^{-1}、615 cm^{-1} 处吸收峰；透射光谱中，可见 3 396 cm^{-1}、2 578 cm^{-1}、2 391 cm^{-1} 处存在较明显的吸收峰
紫外可见光谱		未见明显吸收
拉曼光谱		可见 1 000 cm^{-1}、461 cm^{-1}、454 cm^{-1}、1 156 cm^{-1}、657 cm^{-1}、623 cm^{-1} 等处拉曼峰

实习项目 4.57　方解石的鉴定

鉴定项目		鉴定结果
成分		$CaCO_3$，可含 Mg、Fe、Mn 等元素
肉眼观察	颜色	各种颜色。常见无色、白、浅黄等色。无色透明者称为冰洲石
	光泽	玻璃光泽
	透明度	透明、半透明
	色散	0.017，中等，肉眼观察不到明显火彩
	特殊光学效应	猫眼效应
	琢型	多为弧面或者随形，少见刻面形
放大检查	内、外部特征	气液包裹体，矿物包裹体，生长纹，强双折射现象，解理
常规仪器测试	偏光效应	四明四暗，一轴晶干涉图
	折射率	折射率（*RI*）：1.486～1.658；双折射率（*DR*）：0.172，U−
	多色性	无至弱
	滤光片下的显色	不特征

（续表）

鉴定项目		鉴定结果
常规仪器测试	紫外荧光灯下的发光性	因颜色或成因而异
	比重（*SG*）	2.70（±0.05）
	硬度（*H*）	3
红外光谱		反射光谱，可见 1 518 cm^{-1}、1 433 cm^{-1}（$[CO_3]^{2-}$ 不对称伸缩振动），881 cm^{-1}（$[CO_3]^{2-}$ 面外弯曲振动），712 cm^{-1}（$[CO_3]^{2-}$ 面内弯曲振动）处吸收峰
紫外可见光谱		以 350 nm 为中心的宽吸收带
拉曼光谱		1 086 cm^{-1}（$[CO_3]^{2-}$ 中 C—O 对称伸缩振动），712 cm^{-1}（$[CO_3]^{2-}$ 面外弯曲振动），156 cm^{-1}、283 cm^{-1}（Ca^{2+} 与$[CO_3]^{2-}$之间的晶格振动），1 748 cm^{-1}（$[CO_3]^{2-}$ 面外弯曲振动），1 436 cm^{-1}（反对称伸缩振动）
优化处理	染色处理	放大检查可见颜色分布不均匀，多在裂隙间或表面凹陷处富集；经丙酮或无水乙醇等溶剂擦拭可掉色
	充填	放大检查可见充填部分表面光泽与主体宝石有差异，充填处可见气泡；红外光谱测试可见充填物特征红外吸收谱带；发光图像分析（如紫外荧光观察仪等）可观察充填物分布状态
	辐照处理	辐照可以产生蓝色、黄色和浅紫色。某些颜色加热或长时间曝光会褪色，不易检测

实习项目 4.58　斧石的鉴定

鉴定项目		鉴定结果
成分		$(Ca, Mn, Fe, Mg)_3Al_2BSi_4O_{15}(OH)$
肉眼观察	颜色	褐、紫褐、紫、褐黄、蓝等色。
	光泽	玻璃光泽
	透明度	透明
	琢型	各种形状的刻面形
放大检查	内、外部特征	气液包裹体，矿物包裹体，生长纹
常规仪器测试	偏光效应	四明四暗，二轴晶干涉图
	折射率	折射率（*RI*）：1.678～1.688（±0.005）；双折射率（*DR*）：0.010～0.012，B−
	多色性	强多色性，紫至粉，浅黄，红褐
	分光镜下的吸收光谱	可见 412 nm，466 nm，492 nm，512 nm 处吸收峰

(续表)

鉴定项目		鉴定结果
常规仪器测试	查尔斯滤色镜下特征	不特征
	紫外荧光灯下的发光性	通常无,短波:黄色;长波:红色
	比重(*SG*)	3.29(+0.07,−0.03)
	硬度(*H*)	6～7
红外光谱		反射光谱可见1 072 cm^{-1}、945 cm^{-1}、883 cm^{-1}、594 cm^{-1}、459 cm^{-1} 等处典型吸收峰
紫外可见光谱		未见典型吸收峰
拉曼光谱		可见1 005 cm^{-1}、981 cm^{-1}、715 cm^{-1}、419 cm^{-1}、270 cm^{-1} 处典型吸收峰

实习项目4.59　锡石的鉴定

鉴定项目		鉴定结果
成分		SnO_2,可含Fe、Nb、Ta等元素
肉眼观察	颜色	暗褐至黑、黄褐、黄、无色等
	光泽	金刚光泽至亚金刚光泽
	透明度	透明
	色散	0.071,色散强,肉眼可观察到明显火彩
	琢型	各种形状的明亮琢型
放大检查	内、外部特征	气液包裹体,矿物包裹体,生长纹,色带,刻面棱重影现象
常规仪器测试	偏光效应	四明四暗,一轴晶干涉图
	折射率	折射率(*RI*):1.997～2.093(+0.009,−0.006),负读数;双折射率(*DR*):0.096～0.098,可见重影,U+
	多色性	弱至中,浅至暗褐
	紫外荧光灯下的发光性	无
	比重(*SG*)	6.95(±0.08)
	硬度(*H*)	6～7
红外光谱		反射光谱可见646 cm^{-1} 处典型吸收峰
紫外可见光谱		不典型
拉曼光谱		可见475 cm^{-1}、632 cm^{-1}、775 cm^{-1} 处典型的吸收峰

实习项目 4.60　磷铝锂石的鉴定

鉴定项目		鉴定结果
成分		(Li, Na)Al(PO_4)(F, OH)
肉眼观察	颜色	无色至浅黄、绿黄、浅粉、绿、蓝、褐等
	光泽	玻璃光泽
	透明度	透明
	琢型	各种形状的明亮琢型
放大检查	内、外部特征	气液包裹体，矿物包裹体，生长纹，可见刻面棱重影，平行解理方向的云状物；集合体呈粒状结构或致密块构造
常规仪器测试	偏光效应	四明四暗，二轴晶干涉图
	折射率	折射率(*RI*)：1.612～1.636(－0.034)；双折射率(*DR*)：0.020～0.027，集合体不可测，B+/B－
	多色性	无至弱多色性，因颜色而异；集合体不可测
	紫外荧光灯下的发光性	长波：非常弱的绿色；长、短波：浅蓝色磷光
	比重(*SG*)	3.02(±0.04)
	硬度(*H*)	5～6
红外光谱		反射光谱，可见 1 000～1 100 cm^{-1} 区域内的(PO_4)$^{3-}$ 伸缩振动，具体吸收峰为 1 108 cm^{-1}、1 022 cm^{-1}、613 cm^{-1}、544 cm^{-1}、490 cm^{-1}；透射光谱中，可见 3 396 cm^{-1}、2 578 cm^{-1}、2 391 cm^{-1} 处存在较明显的吸收峰
紫外可见光谱		589 nm 附近明显吸收
拉曼光谱		可见 299 cm^{-1}、426 cm^{-1}、483 cm^{-1}、646 cm^{-1}、803 cm^{-1}、1 010 cm^{-1}、1 047 cm^{-1}、1 111 cm^{-1}、3 367 cm^{-1} 等处拉曼峰

实习项目 4.61　透视石的鉴定

鉴定项目		鉴定结果
成分		$CuSiO_2$(OH)
肉眼观察	颜色	蓝绿、绿等色
	光泽	玻璃光泽
	透明度	透明
	琢型	各种形状的明亮琢型
放大检查	内、外部特征	气液包裹体，矿物包裹体，生长纹，可观察到刻面棱重影
常规仪器测试	偏光效应	四明四暗，一轴晶干涉图
	折射率	折射率(*RI*)：1.655～1.708(±0.012)；双折射率(*DR*)：0.051～0.053，U+

（续表）

鉴定项目		鉴定结果
常规仪器测试	多色性	弱，因颜色而异
	分光镜下的吸收光谱	以 550 nm 为中心宽吸收带
	紫外荧光灯下的发光性	无
	比重(*SG*)	3.30(±0.05)
	硬度(*H*)	5

实习项目 4.62　蓝柱石的鉴定

鉴定项目		鉴定结果
成分		$BeAlSiO_4(OH)$，可含 Fe、Cr 等元素
肉眼观察	颜色	无色、带黄色调的蓝绿、蓝、绿蓝、粉色等，通常为浅色
	光泽	玻璃光泽
	透明度	透明
	色散	0.016，中等，肉眼观察不到明显火彩
	琢型	各种形状的明亮琢型
放大检查	内、外部特征	气液包裹体，矿物包裹体，生长纹，色带，可见刻面棱重影。
常规仪器测试	偏光效应	四明四暗，二轴晶干涉图
	折射率	折射率(*RI*)：1.652～1.671(+0.006，−0.002)；双折射率(*DR*)：0.019～0.020，B—
	多色性	因颜色而异。 蓝色：蓝灰，浅蓝； 绿色：灰绿，绿； 粉色品种：黄橙色、浅橙色、橙粉色
	分光镜下的吸收光谱	以 468 nm、455 nm 为中心的吸收带，绿区、红区有吸收
	紫外荧光灯下的发光性	无至弱
	比重(*SG*)	3.08(+0.04，−0.08)
	硬度(*H*)	7～8

（续表）

鉴定项目		鉴定结果
红外光谱		反射光谱中，可见 3 578 cm^{-1}（C—H 伸缩振动）、1 072 cm^{-1}、957 cm^{-1}（Si—O 伸缩振动）等处典型吸收峰；透射光谱可见 2 000～3 000 cm^{-1} 区域内吸收峰（与 OH^- 有关）
紫外可见光谱		蓝色蓝柱石可见 430 nm 附近弱吸收，以 450 nm 为中心的反射峰与其体色相对应
拉曼光谱		可见 179 cm^{-1}、234 cm^{-1}、257 cm^{-1}、285 cm^{-1}、393 cm^{-1}、440 cm^{-1}、572 cm^{-1}、879 cm^{-1}、906 cm^{-1}、1 021 cm^{-1}、1 058 cm^{-1} 处典型吸收峰
优化处理	辐照处理	由无色者辐照成蓝或浅绿色，不易检测

实习项目 4.63　磷铝钠石的鉴定

鉴定项目		鉴定结果
成分		$NaAl_3(PO_4)_2(OH)_4$
肉眼观察	颜色	黄绿至绿黄等色，少见无色
	光泽	玻璃光泽
	透明度	透明
	色散	0.014，中等，肉眼观察不到明显火彩
	琢型	各种形状的明亮琢型
放大检查	内、外部特征	气液包裹体，矿物包裹体，生长纹，可见刻面棱重影
常规仪器测试	偏光效应	四明四暗，二轴晶干涉图
	折射率	折射率（*RI*）：1.602～1.621（±0.003）；双折射率（*DR*）：0.019～0.021，B+
	多色性	弱，黄绿，绿
	比重（*SG*）	2.97（±0.03）
	硬度（*H*）	5～6

实习项目 4.64　赛黄晶的鉴定

鉴定项目		鉴定结果
成分		$CaB_2(SiO_4)_2$
肉眼观察	颜色	黄、无色、褐等色，少见粉红色
	光泽	玻璃光泽至油脂光泽
	透明度	透明
	色散	0.016，中等，肉眼观察不到明显火彩
	琢型	各种形状的明亮琢型

（续表）

鉴定项目		鉴定结果
放大检查	内、外部特征	气液包裹体，矿包裹体，生长纹
常规仪器测试	偏光效应	四明四暗，二轴晶干涉图
	折射率	折射率（*RI*）：1.630～1.636（±0.003）；双折射率（*DR*）：0.006，B+/B−
	多色性	弱多色性，因颜色而异
	分光镜下的吸收光谱	某些可见 580 nm 处双吸收峰
	紫外荧光灯下的发光性	长波：无至强，浅蓝至蓝绿；短波：荧光常弱于长波
	比重（*SG*）	3.00（±0.03）
	硬度（*H*）	7
红外光谱		反射光谱中，可见 1 149 cm^{-1}、1 043 cm^{-1}、972 cm^{-1}、874 cm^{-1}、698 cm^{-1}、619 cm^{-1}、480 cm^{-1}、426 cm^{-1} 处典型吸收峰；透射光谱可见 3 000～3 800 cm^{-1} 区域内的吸收峰（与水或者 OH^- 振动相关）
紫外可见光谱		可见 313 nm、272 nm、232 nm 附近 3 个吸收峰（可能与稀土元素有关），393 nm 处吸收峰原因不明
拉曼光谱		610 cm^{-1}、631 cm^{-1}（B-O-Si 弯曲振动），1 026 cm^{-1}、1 008 cm^{-1}、974 cm^{-1}（Si-O-B 伸缩振动），1 175 cm^{-1}、1 107 cm^{-1}（Si-O-Si 伸缩振动），400～500 cm^{-1}（Si-O-Si 弯曲振动），348 cm^{-1}、246 cm^{-1}、166 cm^{-1}（与 Ca 元素替代、硼硅酸盐结构的扭曲变形有关，可能是稀土元素替代 Ca 所引起的）处吸收峰

实习项目 4.65　蓝方石的鉴定

鉴定项目		鉴定结果
成分		$Na_6Ca_2[AlSiO_4]_6(SO_4)$
肉眼观察	颜色	天蓝、蓝或绿蓝色、白、灰等
	光泽	玻璃光泽
	透明度	透明
	琢型	各种形状的明亮琢型
放大检查	内、外部特征	气液包裹体，矿物包裹体，生长纹，负晶，愈合裂隙
常规仪器测试	偏光效应	全暗
	折射率	折射率（*RI*）：1.496～1.505；双折射率（*DR*）：无
	分光镜下的吸收光谱	蓝色：600 nm 附近吸收带

（续表）

鉴定项目		鉴定结果
常规仪器测试	紫外荧光灯下的发光性	长波：不同程度的橙红色荧光，荧光强度随颜色的加深而减弱；短波：弱橙红色荧光至惰性
	比重(*SG*)	2.42～2.50
	硬度(*H*)	5.5～6
红外光谱		中红外区具蓝方石特征红外吸收带
紫外可见光谱		蓝色，600 nm 附近吸收带

实习项目 4.66　闪锌矿的鉴定

鉴定项目		鉴定结果
成分		ZnS，常见铁、锰、镉、镓、铟、锗、汞等类质同象混入物及含铜、锡、锑、铋等矿物的机械混入物。锌常被铁所替代
肉眼观察	颜色	无色到浅黄、棕褐至黑色等，随其成分中含铁量的增多而变深。不透明的闪锌矿呈现黑色，棕褐色；透明到半透明的闪锌矿呈现黄，黄绿，绿，橙红，黄褐等色
	光泽	金刚光泽至半金属光泽，随含 Fe 量增多而增强
	透明度	透明
	色散	0.156，色散很强，肉眼可观察到明显火彩
	特殊光学效应	猫眼效应
	琢型	各种形状的明亮琢型
放大检查	内、外部特征	气液包裹体，矿物包裹体，双晶纹，色带
常规仪器测试	偏光效应	全暗
	折射率	折射率(*RI*)：通常为 2.369，随含 Fe 量增多而增大；双折射率(*DR*)：无
	分光镜下的吸收光谱	可见 651 nm，667 nm，690 nm 处吸收峰
	紫外荧光灯下的发光性	通常无，少数呈橘红色；部分经摩擦后可发磷光
	比重(*SG*)	3.9～4.1，随铁含量的增加而降低
	硬度(*H*)	3.5～4
紫外可见光谱		460 nm(黄橙色)、492 nm(棕色)、668 nm、700 nm 和 725 nm 处有吸收，总的来说，黄橙色和棕色品种在蓝色和紫色区域表现出很强的吸收，而在红色部分则呈现出较小的吸收

（续表）

鉴定项目	鉴定结果
拉曼光谱	可见 220 nm、278 nm、300 nm、350 nm、377 nm、393 nm、400 nm、408 nm、420 nm、609 nm、614 nm、635 nm、669 nm、696 nm 附近吸收带

实习项目 4.67　天然玻璃的鉴定

鉴定项目		鉴定结果
成分		主要为 SiO_2，可含多种杂质元素
肉眼观察	颜色	莫尔道玻璃陨石：绿色、褐色； 玄武玻璃：褐至褐黄、橙、红，绿、蓝、紫红色少见； 黑曜岩：黑色或者金色，具有虹彩效应的被称为虹彩黑曜岩，具有白色斑块，有时呈菊花状被称为雪花黑曜岩
	光泽	玻璃光泽
	透明度	半透明至不透明
	色散	0.009，低，肉眼观察不到明显火彩
	特殊光学效应	黑曜岩常见虹彩效应
	琢型	各种形状的刻面形或者随形
放大检查	内、外部特征	莫尔道玻陨石可见圆形和拉长气泡，漩涡纹和流动构造；黑曜岩中有晶体包裹体，针状包裹体，贝壳状断口
常规仪器测试	偏光效应	全暗或者异常消光（常见蛇形消光），透明品种常出现应力应变
	折射率	折射率（*RI*）：1.490（+0.020，−0.010），*RI* 在 1.5～1.7 没有其他天然的各向同性宝石；双折射率（*DR*）：无
	紫外荧光灯下的发光性	无荧光
	比重（*SG*）	2.36（±0.04）（玻陨石），2.40（±0.10）（火山玻璃）
	硬度（*H*）	5～5.5
红外光谱		反射光谱中，黑曜岩和陨石玻璃显示比较接近的吸收峰，900～1 200 cm^{-1}（归属于聚合多面体$[SiO_4]^{4-}$伸缩振动），750～800 cm^{-1}（非晶态玻璃的吸收带，为 Si—O—Si 对称伸缩振动）；400～500 cm^{-1}（Si—O—Si 弯曲振动）；透射光谱，黑曜岩可见 3 200～3 700 cm^{-1} 区域内的强吸收带
紫外可见光谱		未见典型的吸收特征
拉曼光谱		黑曜岩白色部分可见 510 cm^{-1} 处弱吸收峰，陨石玻璃的拉曼光谱可见 470 cm^{-1} 附近玻璃态特征的弥散包络峰，表明为玻璃体

实习项目 4.68　人造玻璃的鉴定

鉴定项目		鉴定结果
成分		主要为 SiO_2，可含有 Na、Fe、Al、Mg、Co、Pb、稀土元素等
肉眼观察	颜色	各种颜色
	光泽	玻璃光泽
	透明度	透明、半透明到不透明
	色散	0.009～0.098，视微量元素成分而变化，低到高，无到明显火彩
	特殊光学效应	猫眼效应、砂金效应、变色效应
	琢型	各种形状的明亮琢型、弧面、珠子或者随形
放大检查	内、外部特征	高凸起的气泡，漩涡纹；玻璃猫眼可见拉长的空管，蜂窝状结构；金星石、蓝星石可见三角形的铜片；斯洛坎姆石中可见用以产生变彩效应的箔纸。此外还可能观察到桔皮效应，浑圆状刻面棱线，脱玻化结构等
常规仪器测试	偏光效应	全暗，应力应变常见，如蛇形消光
	折射率	折射率（*RI*）：1.470～1.700（含稀土元素玻璃 1.80±），*RI* 在 1.500～1.700 的是不含其他天然的各向同性宝石；双折射率（*DR*）：无
	分光镜下的吸收光谱	取决于致色元素。红色玻璃多为硒、金和稀土元素致色；蓝色玻璃多为钴元素致色
	紫外荧光灯下的发光性	弱至强，因颜色而异。通常短波强于长波
	比重（*SG*）	2.30～4.50
	硬度（*H*）	5～6
优化处理	覆膜	放大检查可见表面光泽异常，局部可见薄膜脱落现象；*RI* 可见异常；红外光谱和拉曼光谱测试可见膜层特征吸收峰

实习项目 4.69　塑料的鉴定

鉴定项目		鉴定结果
成分		主要组成元素为 C、H、O
肉眼观察	颜色	各种颜色
	光泽	油脂光泽到暗淡的玻璃光泽，保存较长的塑料会显示暗淡的蜡状光泽
	透明度	透明、半透明
	琢型	多为弧面、珠子、随形或者雕件，少见刻面
放大检查	内、外部特征	流线形构造和各种形状的气泡、漩涡纹，铸模痕、凹陷的刻面、橘子皮效应、圆滑的刻面棱。贝壳状至不平坦断口

（续表）

鉴定项目		鉴定结果
常规仪器测试	偏光效应	强烈的异常双折射现象，多表现为蛇皮状、条带状消光，常见应力干涉色
	折射率	点测法常为 1.46～1.70
	比重(*SG*)	1.05～1.55
	硬度(*H*)	1～3
	特殊性质	热针接触可熔化，有辛辣味，磨擦带电，触摸温感；可切性
红外光谱		中红外区具塑料特征红外吸收谱带

4.2　常见玉石的鉴定

东汉许慎《说文解字》对玉的解释："玉，石之美者。"本书将玉石定义为美丽、稀罕、耐久，可琢磨、雕刻成首饰和工艺品（需求性）的岩石。

1　实习目的和要求

（1）熟练掌握常见玉石的鉴定特征；

（2）熟练使用常见玉石鉴定仪器对玉石进行测试；

（3）学会正确对测试结果进行解释并定名。

2　知识准备

常见玉石的鉴定特征和测试参数。

3　实习仪器

10 倍放大镜，镊子，鉴定光源（钻石灯或者台灯），擦拭布，显微镜，折射仪，分光镜，偏光镜，二色镜，查尔斯滤色镜，紫外荧光灯，比重天平及配套部件，计算器，偏光镜。

4　实习内容

（1）正确观察和测试待测玉石标本；

（2）利用图示描述观察和测试的结果，给出正确结论。

5 实习项目

1）常见玉石

实习项目 4.70　翡翠的鉴定

鉴定项目		鉴定结果
成分		主要矿物成分：硬玉，此外还含有钠铬辉石、绿辉石、碱性角闪石类矿物、钠长石和沸石等； 化学成分：硬玉的化学成分为 $NaAlSi_2O_6$，可含有 Cr、Fe、Ca、Mg、Mn、V、Ti 等元素
肉眼观察	颜色	颜色多样，分为原生色和次生色。原生色主要有无色、白色、绿色、紫色、墨绿色和黑色；次生色有褐黄色、褐红色、灰绿色和灰黑色。无色如果透明度好也较受欢迎；杂色（俏色）常见
	光泽	油脂到玻璃光泽
	透明度	透明、半透明到不透明
	结构特征	多晶质，常见有粒状镶嵌结构、柱状变晶结构、齿状镶嵌结构、纤维交织结构、不等粒变晶结构、碎裂结构、交代结构、片理化结构、糜棱结构和环带结构
放大检查	内、外部特征	常见对翡翠识别具有一定意义的内部特征，有白色絮状物（俗称石花）、黑点、黑块；硬玉具两组完全解理，集合体可见微小的解理面闪光，称为翠性。原石表面还可能有铁或者锰的氧化物形成的皮色
常规仪器测试	偏光效应	全亮
	折射率	折射率（*RI*）：1.666～1.690（+0.020，−0.010），点测法常为 1.66
	分光镜下的吸收光谱	可见 437 nm 处吸收峰；铬致色的绿色翡翠具 630 nm、660 nm、690 nm 处吸收峰
	查尔斯滤色镜下特征	绿色，染色的翡翠可能显示红色
	紫外荧光灯下的发光性	天然翡翠通常为惰性，尤其是翠绿色、绿色、墨绿色、黑色和红色翡翠都不发荧光。部分白色翡翠，在长波紫外光下会显示弱的橙色荧光。据此可以和染色、充填处理翡翠相区别
	比重（*SG*）	3.34（+0.11，−0.09）
	硬度（*H*）	6.5～7
红外光谱		反射光谱，900～1 200 cm^{-1} 区域内可见三个吸收带，在 400～600 cm^{-1} 区域主要为 M1、M2 配位体的振动吸收；透射光谱，天然翡翠在 2 600～3 200 cm^{-1} 区域内多不存在吸收峰，漂白充填处理翡翠可见 3 056 cm^{-1}、3 034 cm^{-1}（胶的吸收峰）、2 433 cm^{-1}、2 489 cm^{-1}、2 537 cm^{-1}、2 591 cm^{-1} 处吸收峰
紫外可见光谱		除黄色、黑色以外，其他颜色的翡翠均可见 437 nm 处特征吸收峰，绿色翡翠还可见与铬相关的 660 nm、690 nm 附近的吸收峰，漂白充填染色处理的绿色翡翠缺失 692 nm 处吸收峰，出现与染料相关的 650～680 nm 区域内的 675 nm 处吸收峰

（续表）

鉴定项目	鉴定结果
拉曼光谱	1 037（1 039）cm^{-1}、992 cm^{-1}（$[Si_2O_6]^{4-}$ 基团的 Si—O 对称伸缩振动），699 cm^{-1}（Si—O—Si 对称弯曲振动），375 cm^{-1}（Si—O—Si 不对称弯曲振动）及 600 cm^{-1} 以下的吸收峰（金属离子 M—O 相关的伸缩振动及其与 Si—O—Si 弯曲振动耦合），777 cm^{-1}、1 219 cm^{-1}、1 341 cm^{-1} 处推测为其他包裹体吸收峰

实习项目 4.71　合成翡翠的鉴定

鉴定项目		鉴定结果
成分		$NaAlSi_2O_6$；可含 Cr、Fe、Ca、Mg、Mn 等元素
肉眼观察	颜色	多为绿至黄绿色
	光泽	玻璃光泽
	透明度	透明、半透明
放大检查	内、外部特征	微晶结构为主，局部呈定向平行排列或卷曲状至波状构造
常规仪器测试	折射率	点测法常为 1.66
	分光镜下的吸收光谱	红区可见三条吸收强度不等的吸收窄带，蓝区不显示 437 cm^{-1} 附近吸收带
	紫外荧光灯下的发光性	长波：弱，蓝白，白；短波：中至强，灰绿，浅绿
	比重（*SG*）	3.31～3.37
	硬度（*H*）	6.5～7
红外光谱		中红外区具 Si—O 等基团振动所致的特征红外吸收谱带，官能团区由 OH 振动所致的一组红外吸收谱带与天然翡翠有差异
优化处理	酸洗充胶处理（B货）	酸洗又称为漂白处理，含有次生色、结构较为松散、晶粒较为粗大、质地较为低劣的翡翠品种，用各种酸（如盐酸、硝酸、硫酸、磷酸）等浸泡，去除黄褐色和灰黑色，然后清洗干燥后用碱水溶液浸泡，以增大孔隙、中和酸性，然后真空注胶、固结。鉴定特征如下： （1）处理后的翡翠抛光面呈现树脂或蜡状光泽，敲击声沉闷，底色干净，没有杂质（俗称的黄水）； （2）放大检查可见酸蚀网纹，即表面呈桔皮状或水渠网状结构，抛光面见显微细裂纹，内部结构松散晶粒界线不清； （3）放大检查可见充填部分表面光泽与主体玉石有差异，充填处可见气泡； （4）仪器测试可见处理翡翠的密度、折射率较天然样品偏低；紫外光下，呈无或蓝绿、黄绿色荧光；红外光谱测试可见充填物特征红外吸收谱带，可以提供诊断性鉴定特征；发光图像分析（如紫外荧光观察仪等）可观察到充填物分布状态

（续表）

鉴定项目		鉴定结果
优化处理	染色处理（C货）	将原来无色或者浅色的翡翠，通过人工方法使颜料染入翡翠，多染成红色、绿色、紫色。 鉴定特征：放大检查可见颜色分布不均匀，多在裂隙、颗粒间隙或表面凹陷处富集；查尔斯滤色镜下可能变成橙红色；紫外光下，可能有弱的黄白色荧光；紫外可见光谱可见异常（铬盐染绿者，紫外可见光谱可见650 nm附近吸收带）
	酸洗染色注胶处理（B货＋C货）	翡翠经过酸洗碱洗后，洗净干燥，然后对已经呈疏松状的翡翠上色，再做注胶处理。 鉴定特征：除了B货翡翠的鉴定特征以外，还可见C货染色的特征，如颜色没有色根，分布呈细丝状，色带边界模糊，呈丝瓜瓤结构等
	上蜡、浸蜡处理	上蜡是将质地紧密的翡翠成品浸泡在融化的石蜡之中，保持一段时间，使石蜡沿翡翠表面上的孔隙浸入，可以增强表面的光泽和透明度，掩盖翡翠表面的小凹坑和小孔隙。 浸蜡是针对质地疏松的翡翠进行的，浸入的蜡比较多，对翡翠影响比上蜡大。 鉴定特征：紫外荧光检测可见蜡的存在，红外光谱可以提供诊断性证据还可以确定翡翠中蜡的数量，国标中对蜡处理翡翠的定义：少量蜡是A货，大量蜡是B货
	热处理	又称焗色处理，常用于将灰黄或者褐黄等颜色的翡翠，通过加热使其颜色变成受欢迎的橙红或红色，国标中将此归属于优化处理，不易检测。 鉴定特征：热处理的翡翠表面比较干，通常没有天然翡翠的水润感；热处理后翡翠的颜色更加艳丽，但色调单一，颜色与无色部位呈渐变过渡，而天然翡翠颜色为突变边界；热处理后翡翠透明度通常会降低，可能出现较多细小裂隙。红外光谱可以提供诊断性证据，天然翡翠为针铁矿，热处理后的翡翠为赤铁矿致色
	覆膜	早期翡翠会通过覆膜改善表面光泽和颜色，放大检查可见表面光泽异常，局部可见薄膜脱落现象，用无水乙醇擦拭还可能会褪色；折射率可见异常；红外光谱和拉曼光谱测试可见膜层特征峰

实习项目 4.72　软玉的鉴定

鉴定项目		鉴定结果
成分		主要矿物成分：透闪石；化学成分：$Ca_2(Mg,Fe)_5Si_8O_{22}(OH)_2$
肉眼观察	颜色	白玉：纯白至稍带灰、绿、黄色调； 青玉：浅灰至深灰的黄绿、蓝绿色； 青白玉：介于白玉和青玉之间； 碧玉：翠绿至绿色； 墨玉：灰黑至黑色（含微晶石墨）； 糖玉：黄褐至褐色； 黄玉（和田玉）：绿黄、浅黄至黄色
	光泽	油脂到玻璃光泽
	透明度	微透明到不透明
	特殊光学效应	猫眼效应
	结构特征	多晶质集合体，常呈纤维交织结构或者毛毡状结构

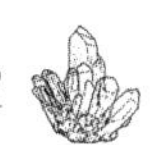

（续表）

鉴定项目		鉴定结果
放大检查	内、外部特征	原石外部可能会有风化的皮壳，皮色部位放大可能观察到树枝状微晶结构，据此可以区分染色处理；青花品种含有微晶石墨，碧玉含有黑色的铬铁矿。此外还常见水线结构
常规仪器测试	偏光效应	全亮，通常由于透明度不够无法测试
	折射率	折射率（RI）：1.606～1.632（+0.009，−0.006），点测法常为1.60～1.61
	比重（SG）	2.95（+0.15，−0.05）
	硬度（H）	6～6.5
红外光谱		反射光谱中，和田玉及和田玉猫眼的吸收光谱位于850～1 150 cm^{-1}（O—Si—O与Si—O—Si反对称伸缩运动和O—Si—O对称伸缩振动），758 cm^{-1}、683 cm^{-1}（Si—O—Si对称伸缩振动），542 cm^{-1}、463 cm^{-1}（Si—O弯曲振动、M—O伸缩振动和OH^-平动的耦合振动）；透射光谱中，2 800～3 200 cm^{-1}区域内有明显吸收，充填处理的和田玉可见3 021 cm^{-1}、2 983 cm^{-1}、2 851 cm^{-1}处吸收峰
紫外可见光谱		白玉在300 nm附近具有明显吸收； 青玉在350 nm附近具有明显吸收，在可见光500～550 nm区域内可见反射峰； 糖玉在267 nm、396 nm附近可见吸收峰，在可见光600～650 nm区域内可见反射峰； 碧玉及碧玉猫眼在400～460 nm区域内可见吸收峰（与Fe有关），在650～690 nm区域内有吸收（与Cr有关）
拉曼光谱		白玉拉曼光谱中，可见1 060 cm^{-1}、1 029 cm^{-1}、932 cm^{-1}（Si—O伸缩振动），674 cm^{-1}（Si—O—Si伸缩振动），530 cm^{-1}（Si—O弯曲振动），394 cm^{-1}、371 cm^{-1}（M—O弯曲振动和晶格振动）处吸收峰； 碧玉拉曼光谱中，可见1 058 cm^{-1}、1 027 cm^{-1}、930 cm^{-1}（Si—O伸缩振动），672 cm^{-1}（Si—O—Si伸缩振动），529 cm^{-1}（Si—O弯曲振动），393 cm^{-1}（M—O弯曲振动和晶格振动）处吸收峰； 和田玉猫眼拉曼光谱中，可见1 062 cm^{-1}、1 028 cm^{-1}、928 cm^{-1}（Si—O伸缩振动），748 cm^{-1}、673 cm^{-1}（Si—O—Si伸缩振动），391 cm^{-1}、368 cm^{-1}（M—O弯曲振动和晶格振动）处吸收峰； 青玉拉曼光谱中，可见1 060 cm^{-1}、1 029 cm^{-1}、932 cm^{-1}（Si—O伸缩振动），675 cm^{-1}（Si—O—Si伸缩振动），528 cm^{-1}（Si—O弯曲振动），371 cm^{-1}（M—O弯曲振动和晶格振动）处吸收峰； 糖玉拉曼光谱中，可见1 060 cm^{-1}、1 028 cm^{-1}、930 cm^{-1}（Si—O伸缩振动），673 cm^{-1}（Si—O—Si伸缩振动），526 cm^{-1}（Si—O弯曲振动），395 cm^{-1}、370 cm^{-1}（M—O弯曲振动和晶格振动）处吸收峰； 墨玉褐色包裹体部分可见204 cm^{-1}、552 cm^{-1}、681 cm^{-1}、1 049 cm^{-1}、1 309 cm^{-1}、1 580 cm^{-1}等处吸收峰
优化处理	染色处理	常见对山料或者部分籽料的整体或部分进行染色以用山料仿籽料或者增强籽料的皮色（俗称二上皮），常染成褐红、棕红至黄等色，市场上常见，难以检测。 鉴定特征：放大检查可见颜色由颜料致色而非铁或者锰的氧化物致色；形态上染色多在裂隙、粒隙间或表面凹陷处富集，紫外光下，染料可能引起特殊荧光；经丙酮或无水乙醇等溶剂擦拭可掉色；成分分析仪器（如X线荧光光谱分析仪等）能检测到染料中的外来元素（如Pb等）。

（续表）

鉴定项目		鉴定结果
优化处理	热处理	通过加热改变籽料风化皮壳的颜色，古代已有（俗称“烤皮子”），常规仪器难以检测
	充填处理	和田玉中常见的充填处理就是注蜡，将雕刻好的成品浸泡在融化的石蜡之中，保持一段时间，使石蜡沿和田玉表面上的孔隙浸入，可以增强表面的光泽和透明度，掩盖表面的小凹坑和小崩口，时间长了，蜡可能消失，凹坑和崩口会重新出现。 鉴定特征：放大检查可见充填部分表面光泽与主体玉石有差异，充填处可见气泡；若充填物为蜡，热针接触可有蜡析出。紫外荧光下，可以观察到充蜡部位的荧光。红外光谱测试可见充填物特征红外吸收谱带；发光图像分析（如紫外荧光观察仪等）可观察到充填物分布状态

实习项目 4.73　石英岩玉(显晶质)的鉴定

鉴定项目		鉴定结果
成分		主要矿物为石英，可含少量赤铁矿、针铁矿、云母等黏土矿物 化学成分：SiO_2，可含 Fe、Al、Mg、Ca、Na、K、Mn、Ni、Cr 等元素
肉眼观察	颜色	白色，如果含有有色矿物颗粒，可以呈红、黄、橙、绿或蓝色，其中砂金石英是含有有色云母和其他矿物，俗称东陵玉，绿色最常见
	光泽	玻璃光泽至油脂光泽
	透明度	透明，半透明到不透明
	特殊光学效应	砂金效应
	结构特征	显晶质集合体，粒状结构
放大检查	内、外部特征	粒状结构，矿物包裹体，其中的有色矿物包裹体可使玉石呈色
常规仪器测试	偏光效应	全亮
	折射率	折射率(RI)：1.544～1.553，点测法常为 1.54
	分光镜下的吸收光谱	不特征。含铬云母的石英岩玉可具以 682 nm、649 nm 为中心的吸收带
	查尔斯滤色镜下特征	含铬云母石英岩玉呈红色
	紫外荧光灯下的发光性	通常无；含铬云母石英岩玉呈无至弱荧光，灰绿或红
	比重(SG)	2.64～2.71，含赤铁矿等包体较多时可达 2.95
	硬度(H)	6～7

（续表）

鉴定项目		鉴定结果
红外光谱		反射光谱中，可见 1 184 cm^{-1}、1 099 cm^{-1}（Si—O 非对称伸缩振动），798 cm^{-1}、783 cm^{-1}（Si—O—Si 对称伸缩振动）处吸收峰，300～600 cm^{-1}（Si—O 弯曲振动）区域内吸收峰，主要分布于 544 cm^{-1}、486 cm^{-1} 处；透射光谱，染色、充填处理的石英岩在 2 800～3 000 cm^{-1} 区域内出现强峰及在 3 059 cm^{-1}、3 037 cm^{-1} 附近出现双吸收峰，可作为石英岩经人工树脂充填的证据
紫外可见光谱		红色染色石英岩在 550 nm 以下存在普遍吸收，染色处理的绿色石英岩可见 679 nm、612 nm、456 nm、348 nm 附近的吸收带，绿色石英岩样品无明显吸收
拉曼光谱		石英岩可见 1 160 cm^{-1}（Si—O 非对称伸缩振动）、463 cm^{-1}（Si—O 弯曲振动）、207 cm^{-1}（$[SiO_4]^{4-}$ 的旋转振动或平移振动）、128 cm^{-1} 等处吸收峰，600～800 cm^{-1} 区域内有强度较弱的窄带，属于 Si—O—Si 对称伸缩振动； 绿色东陵玉可见 264 cm^{-1}、403 cm^{-1}、702 cm^{-1} 处三个吸收峰（云母包裹体），其他吸收峰由石英所致，包括 1 000～2 000 cm^{-1} 区域内吸收峰（Si—O 非对称伸缩振动），600～800 cm^{-1} 区域内吸收峰（Si—O—Si 对称伸缩振动），200～300 cm^{-1} 区域内吸收峰（硅氧四面体旋转振动或平移振动），465 cm^{-1} 附近强且尖锐的拉曼峰具有最强的光谱特征，具有鉴定意义
优化处理	染色处理	石英岩玉常染色以仿翡翠，放大检查可见颜色分布不均匀，多在裂隙、颗粒间隙或表面凹陷处富集；紫外光下染料可引起特殊荧光；紫外可见光谱可见异常（铬盐染绿者，紫外可见光谱可见 650 nm 附近吸收带）；经丙酮或无水乙醇等溶剂擦拭可掉色

实习项目 4.74　石英岩玉（隐晶质）的鉴定

鉴定项目		鉴定结果
成分		主要矿物为石英，可含少量赤铁矿、针铁矿、云母、黏土矿物 化学成分：SiO_2，可含 Fe、Al、Mg、Ca、Na、K、Mn、Ni、Cr 等元素
肉眼观察	颜色	各种颜色，常见红、褐、橙红、黄、绿、灰白、蓝、紫等色
	光泽	玻璃光泽至油脂光泽
	透明度	透明，半透明到不透明
	特殊光学效应	晕彩效应，猫眼效应
	结构特征	隐晶质集合体，呈致密块状，也可呈球粒状、放射状或微细纤维状集合体
放大检查	内、外部特征	条带状的结构和色带，矿物包裹体
常规仪器测试	偏光效应	全亮
	折射率	折射率（*RI*）：1.535～1.539，点测法常为 1.53～1.54
	分光镜下的吸收光谱	不特征
	紫外荧光灯下的发光性	通常无，有时可显弱至强的黄绿色荧光

（续表）

鉴定项目		鉴定结果
常规仪器测试	比重（SG）	2.50～2.77
	硬度（H）	5～7
品种	玉髓	各种颜色，不具有条带状的结构和色带的品种
	红玉髓	铁致色的亮橙或红橙色玉髓，半透明
	血玉髓	带氧化铁红色斑点的绿色材料（大部分由碧玉组成），大多数（红斑绿玉髓）是不透明的
	绿玉髓	又称澳玉，镍致色。淡绿到艳绿色，半透明
	蓝玉髓	又称台湾蓝宝，艳蓝色，透明到半透明
	玛瑙	显示明显的由颜色和透明度的逐层变化而产生的弯曲条带结构或者色带
	缟玛瑙	具黑白条带的玛瑙。在珠宝业把不具条带的黑玉髓也称为缟玛瑙
	苔玛瑙	含枝状矿物包裹体。可以是黑色、褐色或绿色
	火玛瑙	玉髓层间含片状铁矿物的薄膜。当正确切磨时，这些薄膜引起干涉作用并产生良好的变彩
	南红玛瑙	含有辰砂矿物的红色微透明到不透明的玛瑙。 红外反射光谱中，可见 900～1 200 cm^{-1}（Si—O 伸缩振动）吸收带，798 cm^{-1}、779 cm^{-1}（Si—O 对称伸缩振动）处吸收峰，透射光谱中，2 000～2 800 cm^{-1} 区域内为 Si—O 键的倍频吸收，吸收峰主要位于 2 673 cm^{-1}、2 599 cm^{-1}、2 494 cm^{-1} 处； 紫外可见光谱在 250 nm、280 nm 附近显示吸收峰，300～550 nm 区域内显示宽吸收带，在 680 nm 及 900 nm 附近存在弱吸收；拉曼光谱可见典型的赤铁矿峰，吸收峰主要在 226 cm^{-1}、292 cm^{-1}、411 cm^{-1}、611 cm^{-1}、1 320 cm^{-1} 处，强而尖锐的 464 cm^{-1} 处吸收峰归属于 Si—O 弯曲振动
	碧玉	含黏土矿物的不透明的隐晶质石英。其品种根据颜色和结构命名，如血点碧玉，可以染色仿制其他玉石，如瑞士青金岩就是染蓝的碧玉，用来仿青金岩
	虎睛石	虎睛石是石英交代石棉的产物，它保留了石棉的纤维状外观。由氧化铁致色，其颜色范围从黄到深金褐色和蓝色。加热可使褐色和黄色材料变成红色。显示猫眼效应。 红外反射光谱中，可见虎睛石 900～1 200 cm^{-1}（Si—O 伸缩振动）吸收带，800 cm^{-1}、782 cm^{-1} 附近（Si—O 对称伸缩振动）吸收峰； 紫外可见光谱中，红色虎睛石 550 nm 以下普遍吸收，可见 880 nm 附近吸收带及 680 nm 附近弱吸收；黄色虎睛石 500 nm 以下普遍吸收，可见 900 nm、643 nm 附近吸收带；蓝色鹰眼石可见 611 nm 处强吸收带； 拉曼光谱均主要显示石英的拉曼峰，红色虎睛石中 246 cm^{-1}、294 cm^{-1}、410 cm^{-1}、1 315 cm^{-1} 处吸收峰与赤铁矿有关，黄色虎睛石中，1 082 cm^{-1} 处吸收峰代表了闪石类矿物的 Si—O 伸缩振动
红外光谱		反射光谱中，可见 1 184 cm^{-1}、1 109 cm^{-1}（Si—O 非对称伸缩振动）处吸收峰，600～800 cm^{-1}（Si—O—Si 对称伸缩振动）区域内吸收峰可见分裂为 794 cm^{-1}、779 cm^{-1} 处的一对锐双峰，300～600 cm^{-1}（Si—O 弯曲振动）区域内吸收峰主要分布于 531 cm^{-1}、476 cm^{-1} 处

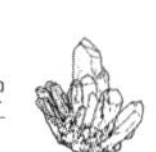

（续表）

鉴定项目		鉴定结果
紫外可见光谱		红色玉髓在 350～550 nm 区域内普遍吸收； 绿色玉髓具有以 630 nm 为中心的宽吸收带； 玉髓（澳玉）具有 390 nm、671 nm 处吸收峰
拉曼光谱		石英岩可见 1 162 cm^{-1}（Si—O 非对称伸缩振动）、503 cm^{-1}（指示玉髓中斜硅石的存在）、464 cm^{-1} 处散射峰较为尖锐，强度较大为 208 cm^{-1}（Si—O 弯曲振动）、129 cm^{-1}（$[SiO_4]^{4-}$ 的旋转振动或平移振动）处散射峰；600～800 cm^{-1} 区域内有强度较弱的窄带，属于 Si—O—Si 对称伸缩振动
优化处理	热处理	热处理改善颜色，不易检测
	染色处理	放大检查可见颜色分布不均匀，多在裂隙、粒隙间或表面凹陷处富集
	充填	放大检查可见充填部分表面光泽与主体玉石有差异，充填处可见气泡；长、短波紫外光下，充填部分荧光多与主体玉石有差异；红外光谱测试可见充填物特征红外吸收谱带；发光图像分析（如紫外荧光观察仪等）可观察到充填物分布状态

实习项目 4.75　硅化木（交代）的鉴定

鉴定项目		鉴定结果
成分		主要矿物为石英，可含有少量蛋白石。木变石可含有少量石棉、针铁矿褐铁矿、赤铁矿等矿物。硅化木可含有少量有机质等，硅化珊瑚可含有少量方解石等矿物。 化学成分：SiO_2，可含少量蛋白石 $SiO_2 \cdot H_2O$；可含有 Fe、Al、Mg、Ca、Na、K、Mn、Ni 等元素。硅化木中的有机质为碳氢化合物
肉眼观察	颜色	浅黄至黄、棕黄、棕红、灰白、灰黑等。 木变石：黄、棕黄、棕红、深蓝、灰蓝、绿蓝等； 硅化木：浅黄至黄、棕黄、棕红、灰白、灰黑等； 硅化珊瑚：黄白、灰白、黄褐、橙红等
	光泽	玻璃光泽，断口油脂或蜡状光泽；木变石也可呈丝绢光泽
	透明度	透明，半透明到不透明
	特殊光学效应	猫眼效应
	结构特征	隐晶质结构，粒状结构，木变石也可呈纤维状结构；硅化木可呈纤维状结构，可见木纹、树皮、节瘤、蛀洞等。硅化珊瑚可见珊瑚的同心放射状构造
常规仪器测试	偏光效应	全亮，同样由于透明度不够而无法测量
	折射率	折射率（*RI*）：1.544～1.553，点测法常为 1.53～1.54
	紫外荧光灯下的发光性	通常无，有时可显弱至强的黄绿色荧光
	比重（*SG*）	2.48～2.85
	硬度（*H*）	5～7

（续表）

鉴定项目		鉴定结果
红外光谱		反射光谱中，硅化木呈现石英的红外峰，900～1 200 cm^{-1}（Si—O 伸缩振动）区域及 795 cm^{-1}、779 cm^{-1} 处（Si—O 对称伸缩振动）吸收峰
紫外可见光谱		未见典型的特征吸收峰
拉曼光谱		硅化木的浅色部分均可见归属于石英的 465 cm^{-1} 处拉曼峰，在 785 nm 激发光源条件下，硅化木深色部分还可见 503 cm^{-1} 处拉曼峰（指示斜硅石存在）
优化处理	染色处理	放大检查可见颜色分布不均匀，多在裂隙、粒隙间或表面凹陷处富集；经丙酮或无水乙醇等溶剂擦拭可掉色
	充填	放大检查可见充填部分表面光泽与主体玉石有差异，充填处可见气泡；长、短波紫外光下，充填部分荧光多与主体玉石有差异；红外光谱测试可见充填物特征红外吸收谱带；发光图像分析（如紫外荧光观察仪等）可观察充填物分布状态

实习项目 4.76　蛇纹石玉的鉴定

鉴定项目		鉴定结果
成分		主要矿物为蛇纹石，可含方解石、滑石、磁铁矿等。 蛇纹石化学成分：$(Mg, Fe, Ni)_3Si_2O_5(OH)_4$
肉眼观察	颜色	绿至绿黄、白、棕、黑色
	光泽	蜡状光泽至玻璃光泽
	透明度	半透明到微透明
	结构	叶片状、纤维状交织结构，常见均匀的致密块状构造
	特殊光学效应	猫眼效应（稀少）
放大检查	内、外部特征	少量黑色矿物，灰白色透明的矿物晶体，灰绿色绿泥石鳞片聚集成的丝状、细带状和颜色的不均匀而引起的白色、褐色条带和团块
常规仪器测试	偏光效应	全亮
	折射率	折射率（*RI*）：1.560～1.570（+0.004，−0.070），常用点测法
	查尔斯滤色镜下特征	不特征
	紫外荧光灯下的发光性	惰性，有时长波紫外线下有微弱的绿色荧光
	比重（*SG*）	2.57（+0.23，−0.13）
	硬度（*H*）	2.5～6
红外光谱		反射光谱中，可见 1 046 cm^{-1}（Si—O 伸缩振动），636 cm^{-1}（OH^- 转动），552 cm^{-1}（Mg—O 伸缩振动和弯曲振动），462 cm^{-1}（Si—O 弯曲振动）处吸收峰

（续表）

鉴定项目		鉴定结果
紫外可见光谱		黄色蛇纹石可见 415 nm、432 nm、456 nm、953 nm 处吸收峰；绿色蛇纹石猫眼可见 455 nm 处吸收峰
拉曼光谱		纤蛇纹石主要显示 231 cm^{-1}、386 cm^{-1}、690 cm^{-1} 附近强吸收峰； 叶蛇纹石主要显示 231 cm^{-1}、376 cm^{-1}、460 cm^{-1}、684 cm^{-1}、1 046 cm^{-1} 附近强吸收峰
优化处理	充填	放大检查可见充填部分表面光泽与主体玉石有差异，充填处可见气泡；红外光谱测试可见充填物特征红外吸收谱带；发光图像分析（如紫外荧光观察仪等）可观察充填物分布状态。若充填物为蜡，热针接触可有蜡析出
	染色处理	放大检查可见颜色分布不均匀，多在裂隙、隙间或表面凹陷处富集；长、短波紫外光下，染料可引起特殊荧光；经丙酮或无水乙醇等溶剂擦拭可掉色

实习项目 4.77　独山玉的鉴定

鉴定项目		鉴定结果
成分		主要矿物为斜长石（钙长石）和黝帘石，其他组成矿物为白云母（含铬）、纤闪石等。化学成分随组成矿物不同和比例而变化
肉眼观察	颜色	颜色丰富，白、绿、紫、粉红色、蓝绿、黄、褐、黑色
	光泽	玻璃光泽
	透明度	半透明到不透明
	结构	细粒状结构，集合体为致密块状
	品种	白独玉、红独玉、粉独玉、绿独玉、黄独玉、褐独玉、青独玉、黑独玉、杂色独玉
放大检查	内、外部特征	纤维粒状结构或粒状变晶结构，可见蓝色、蓝绿色或紫色色斑
常规仪器测试	偏光效应	全亮，通常由于透明度不够无法检测
	折射率	折射率（*RI*）：点测，1.560～1.700
	查尔斯滤色镜下特征	略显红色
	紫外荧光灯下的发光性	惰性，有的品种可有微弱的蓝白、褐黄、褐红色荧光
	比重（*SG*）	2.70～3.09，一般为 2.90
	硬度（*H*）	6～7
红外光谱		反射光谱中，可见 1 103 cm^{-1}、1 022 cm^{-1}、941 cm^{-1}、584 cm^{-1}、538 cm^{-1} 处吸收峰
紫外可见光谱		绿色独山玉可见 609 nm 附近宽吸收带与 685 nm 处弱吸收峰（与 Cr^{3+} 有关）

（续表）

鉴定项目	鉴定结果
拉曼光谱	独山玉的拉曼光谱主要显示钙长石的拉曼峰，200～400 cm^{-1}（晶格振动），503 cm^{-1}、487 cm^{-1}（Ti—O—Ti 伸缩振动），910 cm^{-1}（Al—O—Al 反对称伸缩振动）

实习项目 4.78　钠长石玉的鉴定

鉴定项目		鉴定结果
成分		主要组成矿物为钠长石，可含硬玉、绿辉石、阳起石、绿泥石等。化学成分：钠长石，$NaAlSi_3O_8$
肉眼观察	颜色	白色、无色、灰白色及灰绿白、灰绿等
	光泽	油脂光泽到玻璃光泽，常弱于翡翠
	透明度	半透明至透明
	结构	多晶质集合体，纤维状或粒状变晶结构，块状构造，钠长石具{001}完全解理，{010}近于完全解理，集合体通常观察不到解理
放大检查	内、外部特征	纤维或粒状结构，在透明或半透明的底色中常含白色斑点和蓝绿色斑块。两组完全解理
常规仪器测试	偏光效应	全亮
	折射率	折射率（*RI*）：1.527～1.542，点测法常为 1.52～1.53
	比重（*SG*）	2.60～2.63，相较于翡翠掂重较轻
	硬度（*H*）	6，比翡翠莫氏硬度低
红外光谱		反射光谱中，可见 900～1 200 cm^{-1}（$[SiO_4]^{4-}$ 基团的 Si—O 伸缩振动），700～800 cm^{-1}（$[SiO_4]^{4-}$ 基团的 Si—O 伸缩弯曲振动）处吸收峰；透射光谱未见典型吸收峰，充填处理的可能出现 4 344 cm^{-1}、4 065 cm^{-1}、3 053 cm^{-1}、3 038 cm^{-1} 处吸收峰
紫外可见光谱		未见明显吸收
拉曼光谱		479 cm^{-1}、506 cm^{-1} 处为最强的特征吸收峰，可见 600～1 300 cm^{-1}（Si—O 伸缩振动）区域内及低于 450 cm^{-1}（晶格振动）处吸收峰

实习项目 4.79　青金岩的鉴定

鉴定项目		鉴定结果
成分		主要矿物为青金石，可含方钠石、方解石、黄铁矿和蓝方石，有时含透辉石、云母、角闪石等。化学成分：青金石，$(NaCa)_8(AlSiO_4)_6(SO_4,Cl,S)_2$
肉眼观察	颜色	中至深微绿蓝、紫蓝色，常有铜黄色黄铁矿、白色方解石、墨绿色透辉石、普通辉石的色斑
	光泽	玻璃光泽至蜡状光泽

（续表）

鉴定项目		鉴定结果
肉眼观察	透明度	微透明到不透明
	结构	多晶质集合体，块状构造，粒状结构
放大检查	内、外部特征	铜黄色黄铁矿、白色方解石、墨绿色透辉石
常规仪器测试	折射率	折射率(*RI*)：点测，通常为1.50，有时因含有黄铁矿可达1.67
	分光镜下的吸收光谱	紫区420 nm附近有一条不清晰的吸收带，以423 nm为中心可见吸收带，460 nm附近的吸收带模糊
	查尔斯滤色镜下特征	赭红色
	紫外荧光灯下的发光性	长波：方解石橙色荧光；短波：浅绿或白色调的荧光
	比重(*SG*)	2.75(±0.25)
	硬度(*H*)	5～6
品种	吉尔森合成	合成青金岩常不透明，颜色均匀，反射光下可见小的角状的暗紫色色斑；黄铁矿分布均匀，边缘平直，天然轮廓不规则；密度小于2.45
	再造青金岩	将磨碎的青金岩和黄铁矿用树脂粘起来。肉眼鉴定：均匀的、亮的和深的紫蓝色，小的、角状的黄铁矿成星状散布；非常平滑的表面结构，断裂面上也是平滑的；没有方解石白色斑块；显微镜下可见角状或圆形的碎屑
红外光谱		红外反射光谱中，青金石与染色青金石可见1 095 cm^{-1}(1 107 cm^{-1})、966 cm^{-1}、635 cm^{-1}、513(515)cm^{-1}附近典型吸收峰，含有较多方解石的样品还可见1 520 cm^{-1}、1 435 cm^{-1}($[CO_3]^{2-}$的不对称伸缩振动)处吸收峰
紫外可见光谱		可见以400 nm为中心的弱吸收带以及以600 nm为中心的强吸收带；染色青金石仅出现以600 nm为中心的吸收带
拉曼光谱		可见259 cm^{-1}、547 cm^{-1}、584 cm^{-1}、1 092 cm^{-1}等处吸收峰；如果含有黄铁矿，可见342 cm^{-1}、377 cm^{-1}处吸收峰
优化处理	染色处理	放大检查可见颜色分布不均匀，多在裂隙、粒隙间或表面凹陷处富集；经丙酮或无水乙醇等溶剂擦拭可掉色；紫外可见光谱与天然样品有差异
	充填处理	浸蜡，浸无色油，热针探测局部蜡质脱落。放大检查可见充填部分表面光泽与主体玉石有差异，充填处可见气泡；红外光谱测试可见充填物特征红外吸收谱带；发光图像分析(如紫外荧光观察仪等)可观察充填物分布状态。若充填物为蜡，热针接触可有蜡析出

实习项目 4.80 方钠石的鉴定

鉴定项目		鉴定结果
成分		$Na_8Al_6Si_6O_{24}Cl_2$
肉眼观察	颜色	多为深蓝至紫蓝色,少见灰色,绿色,黄色,白色、粉红色和无色,含白色、黄色或粉红色条纹或者色斑
	光泽	玻璃光泽,断口呈油脂光泽,解理面显示珍珠光泽
	透明度	半透明到微透明,极少数透明(主要产自阿富汗)
	结构	粗晶质结构、块状构造
放大检查	内、外部特征	白色方解石脉,也可含有少量黄铁矿
常规仪器测试	折射率	折射率(*RI*):点测,通常为 1.483
	分光镜下的吸收光谱	无特征吸收光谱
	查尔斯滤色镜下特征	红褐色
	紫外荧光灯下的发光性	长波:无至弱的橙红色斑块状荧光;短波:明亮的浅粉色荧光
	比重(*SG*)	2.60~2.74
	硬度(*H*)	5~6,菱形十二面体中等解理
红外光谱		反射光谱中,可见 997 cm^{-1}、737 cm^{-1}、474 cm^{-1}、438 cm^{-1} 处吸收峰;透射光谱中,紫色方钠石可见 3 939 cm^{-1} 处吸收峰,2 560 cm^{-1} 附近吸收带,蓝色方钠石可见 3 532 cm^{-1}、3 034 cm^{-1}、2 919 cm^{-1}、2 850 cm^{-1}、2 655 cm^{-1} 等处明显吸收
紫外可见光谱		浅紫色方钠石具有 299 nm、542 nm 附近吸收带,蓝色方钠石可见 281 nm、610 nm 附近吸收带和 438 nm 处弱吸收峰
拉曼光谱		可见 985 cm^{-1}(Si—O—Si 反对称振动)、410 cm^{-1}、464 cm^{-1}(O—Si—Si 弯曲振动)处吸收峰

实习项目 4.81 绿松石的鉴定

鉴定项目		鉴定结果
成分		$CuAl_6(PO_4)_4(OH)_8 \cdot 5H_2O$
肉眼观察	颜色	蓝色、绿色、杂色,伴有白色细纹、斑点,褐黑色网脉或暗色矿物杂质。产自美国亚利桑那州(俗称睡美人矿)的绿松石,颜色明艳,无铁线
	光泽	蜡状光泽、油脂光泽到玻璃光泽,土状光泽
	透明度	微透明到不透明
	结构	绝大多数为隐多晶质集合体,常呈块状、板状、结核状或皮壳状集合体,孔隙发育

（续表）

鉴定项目		鉴定结果
放大检查	内、外部特征	暗色基质，常含暗色或白、黄褐色网脉状、斑点状杂质
常规仪器测试	折射率	折射率（*RI*）：1.610～1.650，点测法常为1.61
	分光镜下的吸收光谱	蓝区420 nm附近可见一条不清晰的吸收带，423 nm附近可见清晰吸收带，460 nm附近吸收带模糊
	查尔斯滤色镜下特征	不特征
	紫外荧光灯下的发光性	长波：惰性或者很弱，黄绿色；短波：惰性
	比重（*SG*）	2.76（+0.14，−0.36）
	硬度（*H*）	3～6
品种	吉尔森合成绿松石	颜色单一均匀；结构呈麦片粥效果（50倍放大，可见白色基质中的角状蓝色颗粒）；*RI*：1.61；*SG*：2.76；莫氏硬度：5～6；放大检查：铁线分布在表面，不内凹；X射线：晶质绿松石的衍射线和附加晶质的衍射线；红外光谱：天然为明显的特征吸收；合成品与天然相似，但吸收光谱更宽，吸收带的界限不明显
	再造绿松石	树脂或者氧化硅黏结绿松石粉组成；结构：粒状结构；酸试验：褪色；*SG*：小于天然
		红外吸收光谱：1 725 cm^{-1}处可见吸收峰
红外光谱		3 510 cm^{-1}、3 466 cm^{-1}［$\nu(OH)$伸缩振动］，3 292 cm^{-1}、3 081 cm^{-1}［$\nu(M_{Fe, Cu}—H_2O)$伸缩振动］，1 195 cm^{-1}、1 120 cm^{-1}、1 061 cm^{-1}、1 014 cm^{-1}［$\nu_3(PO_4)$伸缩振动］，837 cm^{-1}［$\delta(OH)$弯曲振动］，650 cm^{-1}、573 cm^{-1}、484 cm^{-1}［$\nu_4(PO_4)$弯曲振动］处吸收峰； 充填处理的绿松石还可以见2 966 cm^{-1}、2 929 cm^{-1}、2 856 cm^{-1}、1 730 cm^{-1}、1 506 cm^{-1}处人造树脂的吸收峰
紫外可见光谱		可见428 nm附近吸收带；染色绿松石可能出现677 nm处吸收峰
拉曼光谱		可见3 499 cm^{-1}、3 472 cm^{-1}、3 451 cm^{-1}［$\nu(OH)$伸缩振动］，3 280 cm^{-1}、3 079 cm^{-1}［$\nu(H_2O)$伸缩振动］，1 160 cm^{-1}、1 105 cm^{-1}、1 041 cm^{-1}［$\nu_3(PO_4)$伸缩振动］，641 cm^{-1}、591 cm^{-1}、547 cm^{-1}［$\nu_4(PO_4)$弯曲振动］、466 cm^{-1}、418 cm^{-1}［$\nu_2(PO_4)$弯曲振动］处吸收峰；充填处理的绿松石还可以见3 608 cm^{-1}、2 932 cm^{-1}、2 855 cm^{-1}、1 450 cm^{-1}、1 604 cm^{-1}、1 111 cm^{-1}、1 041 cm^{-1}处人造树脂的吸收峰
优化处理	注蜡	商业上普遍接受。成品绿松石通过浸没在蜡里面形成一层涂层以达到增加稳定性和防止褪色的目的
	注油	绿松石用各种油（矿物油或者植物油）处理几天或者几周，用以遮掩表面的瑕疵（如白斑）和降低孔隙度以达到优化颜色、表面和稳定性的目的
	染色	绿松石可以用各种染剂和致色物质染色。常染成蓝色，放大检查可见颜色分布不均匀，多在裂隙、粒隙间或表面凹陷处富集；紫外可见光谱与天然样品有差异

(续表)

鉴定项目		鉴定结果
优化处理	树脂充填	在一定条件下,树脂和硬化剂被充填进绿松石的孔隙中使绿松石更稳定以便于加工。充填孔隙后,减少了光的散射,绿松石的颜色饱和度也会得到提升
	树脂灌注	和树脂充填相比,多了真空条件和压力条件,绿松石用树脂和硬化剂的混合物灌注处理后颜色暗淡饱和度高。用塑料,树脂或胶态二氧化硅对绿松石进行稳定化处理,可能出现褪色,密度、*RI* 低于优质绿松石;放大检查可见充填部分表面光泽与主体玉石有差异,充填处可见气泡;若充填物为蜡,热针接触可有蜡析出;红外光谱测试可见充填物特征红外吸收谱带;发光图像分析(如紫外荧光观察仪等)可观察充填物分布状态
	树脂灌注和染色	树脂灌注处理中加入颜料,用以改善颜色。放大检查表面可见龟裂纹,裂纹两侧颜色较深;草酸擦拭后,表面颜色变浅
	瓷度优化	常见的处理方法,通常不使用有机聚合物,而是用磷酸二氢铝和硅酸钠充填绿松石,降低绿松石的孔隙度,提高密度、硬度和光泽,如果用磷酸盐充填,必要的时候可以加入致色剂,如果用硅酸钠充填,不加致色剂
	扎克里(Zachery)处理	企业家、电子工程师詹姆斯·扎克里(James E. Zachery)在20世纪80年代末发明了这种方法,使用含有钾元素的物质对绿松石进行处理,以改善稳定性和外观。成分分析仪器(如X射线荧光光谱分析仪等)能检测出外来元素(如钾等)含量异常
	电化学处理	原理类似 Zachery 处理,利用电化学原理对绿松石原石和成品进行电解质处理,处理后的绿松石颜色饱和度得以提升,颜色不仅仅是表面还可以深入到宝石的内部。成分分析仪器(如X射线荧光光谱分析仪等)能检测出外来元素(如钾等)含量异常
	褪黄或者褪黑处理	绿松石用化学物质处理以去除黄色或者黑色的杂色

实习项目 4.82　孔雀石的鉴定

鉴定项目		鉴定结果
成分		$Cu_2CO_3(OH)_2$
肉眼观察	颜色	微蓝绿、浅绿、艳绿、孔雀绿、深绿和墨绿,常有杂色条纹
	光泽	玻璃光泽到丝绢光泽
	透明度	半透明、微透明到不透明
	结构	纤维状集合体、具有条纹状、放射状、同心环带状、钟乳状、皮壳状、葡萄状、肾状
放大检查	内、外部特征	抛光面上常见黑色的同心圆状的色带
常规仪器测试	折射率	折射率(*RI*):1.655～1.909,点测大致为1.85,负读数
	分光镜下的吸收光谱	无特征吸收光谱
	紫外荧光灯下的发光性	惰性

（续表）

鉴定项目		鉴定结果
常规仪器测试	比重（*SG*）	3.95（+0.15，−0.70）
	硬度（*H*）	3.5～4
	特殊性质	遇盐酸起泡，条痕为绿色
红外光谱		红外反射光谱，可见从 1 495 cm^{-1}、1 394 cm^{-1}、1 043 cm^{-1}、822 cm^{-1} 附近典型吸收峰
紫外可见光谱		可见以 377 nm 为中心的吸收带，600～1 000 nm 区域内普遍吸收
拉曼光谱		可见 153 cm^{-1}、179 cm^{-1}、220 cm^{-1}、269 cm^{-1}、353 cm^{-1}、432 cm^{-1}、536 cm^{-1}、719 cm^{-1}、1 058 cm^{-1}、1 099 cm^{-1}、136 7 cm^{-1}、1 493 cm^{-1} 处吸收峰
优化处理	充填	放大检查可见充填部分表面光泽与主体玉石有差异；长、短波紫外光下，充填部分荧光多与主体玉石有差异；红外光谱测试可见充填物特征红外吸收谱带；发光图像分析（如紫外荧光观察仪等）可观察充填物分布状态

实习项目 4.83　硅孔雀石的鉴定

鉴定项目		鉴定结果
成分		$(Cu, Al)_2H_2Si_2O_5(OH)_4 \cdot nH_2O$，可含其他杂质
肉眼观察	颜色	绿色，蓝绿色，含杂质时呈褐色和黑色
	光泽	玻璃光泽，蜡状光泽及土状光泽
	透明度	微透明到不透明
	结构	隐晶质或胶状集合体，呈钟乳状、皮壳状、土状，常作致色剂存在于玉髓中
放大检查	内、外部特征	白色脉，也可含有少量黄铁矿
常规仪器测试	折射率	单折射率（*RI*）：1.461～1.570，点测法常为 1.50
	分光镜下的吸收光谱	无特征吸收光谱
	查尔斯滤色镜下特征	不特征
	紫外荧光灯下的发光性	惰性
	比重（*SG*）	2.0～2.4
	硬度（*H*）	2～4，贝壳状断口

实习项目 4.84　大理岩的鉴定

鉴定项目	鉴定结果
成分	主要矿物为方解石，可含白云石、菱镁矿、蛇纹石、绿泥石等。 化学成分：方解石（$CaCO_3$），可含有 Mg、Fe、Mn 等元素

（续表）

鉴定项目		鉴定结果
肉眼观察	颜色	各种颜色，常见有白、黑色及各种花纹和颜色。白色大理石常称为汉白玉，蓝田玉为蛇纹石化大理石
	光泽	玻璃光泽至油脂光泽
	透明度	半透明到不透明
	结构	多晶质集合体，常呈粒状、纤维状集合体
放大检查	内、外部特征	粒状或纤维状结构，条带或层状构造，大理岩中的方解石颗粒肉眼可见，常常可以观察到解理片的闪光
常规仪器测试	折射率	折射率(*RI*)：1.486～1.658
	紫外荧光灯下的发光性	因颜色或成因而异
	比重(*SG*)	2.70(±0.05)
	硬度(*H*)	3
	特殊性质	遇盐酸起泡
红外光谱		反射光谱中，可见 1 480 cm^{-1}($[CO_3]^{2-}$的不对称伸缩振动)，881 cm^{-1}($[CO_3]^{2-}$面外弯曲振动)，712 cm^{-1}($[CO_3]^{2-}$面内弯曲振动)处吸收峰
紫外可见光谱		可见 250 nm 附近吸收带
拉曼光谱		可见 1 749 cm^{-1}($[CO_3]^{2-}$基团面外弯曲振动)，1 437 cm^{-1}(表征反对称伸缩振动)，1 087 cm^{-1}($[CO_3]^{2-}$中 C—O 对称伸缩振动)，713 cm^{-1}($[CO_3]^{2-}$基团面外弯曲振动)，155 cm^{-1}、281 cm^{-1}(Ca^{2+}与$[CO_3]^{2-}$之间的晶格振动)处吸收峰
优化处理	染色处理	放大检查可见颜色分布不均匀，多在裂隙、粒隙间或表面凹陷处富集；长、短波紫外光下，染料可引起特殊荧光；经丙酮或无水乙醇等溶剂擦拭可掉色
	充填	放大检查可见充填部分表面光泽与主体玉石有差异；长、短波紫外光下，充填部分荧光多与主体玉石有差异；红外光谱测试可见充填物特征红外吸收谱带；发光图像分析(如紫外荧光观察仪等)可观察充填物分布状态
	覆膜	放大检查可见表面光泽异常，局部可见薄膜脱落现象；*RI* 可见异常；红外光谱和拉曼光谱测试可见膜层特征峰

2）罕见玉石

实习项目 4.85 阳起石的鉴定

鉴定项目	鉴定结果
成分	化学成分：$Ca_2(Mg,Fe)_5Si_8O_{22}(OH)_2$

（续表）

鉴定项目		鉴定结果
肉眼观察	颜色	浅至深的绿、黄绿、黑色
	光泽	玻璃光泽
	透明度	半透明到不透明
	特殊光学效应	猫眼效应
	结构	多晶质集合体，常呈纤维状集合体。解理集合体通常观察不到解理
放大检查	内、外部特征	纤维状结构，矿物包裹体
常规仪器测试	折射率	单折射率（*RI*）：1.614～1.641（±0.014），点测法常为1.62～1.64
	比重（*SG*）	3.00（+0.10，−0.05）
	硬度（*H*）	5～6
红外光谱		中红外区具阳起石特征红外吸收带
紫外光谱		503 nm处弱吸收峰

实习项目4.86 菱锌矿的鉴定

鉴定项目		鉴定结果
成分		$ZnCO_3$；可含Fe、Mn、Mg、Ca等元素
肉眼观察	颜色	白至无色，常因含杂质元素而呈绿、黄、褐、粉等色
	光泽	玻璃光泽至亚玻璃光泽
	透明度	半透明到不透明
	结构	三方晶系。晶体习性：菱形晶体（罕见），常呈粒状集合体，或呈钟乳状、鲕状、肾状隐多晶质集合体。三组完全解理，集合体通常观察不到解理
放大检查	内、外部特征	气液包裹体，矿物包裹体，解理；集合体常呈隐晶质结构，粒状结构，放射状构造
常规仪器测试	折射率	单折射率（*RI*）：1.621～1.849；双折射率（*DR*）：0.225～0.228，ν^{-}，集合体不可测
	紫外荧光灯下的发光性	因颜色或成因而异
	比重（*SG*）	4.30（+0.15）
	硬度（*H*）	4～5
	特殊性质	遇盐酸起泡

（续表）

鉴定项目	鉴定结果
红外光谱	反射光谱中，可见 1 403 cm^{-1}、876 cm^{-1}、742 cm^{-1} 处吸收峰
紫外可见光谱	可见 444 nm 处弱吸收峰
拉曼光谱	可见 302 cm^{-1}、730 cm^{-1}、1 092 cm^{-1}、1 406 cm^{-1}、1 092 cm^{-1} 处吸收峰

实习项目 4.87　白云石的鉴定

鉴定项目		鉴定结果
成分		$CaMg(CO_3)_2$；可含 Fe、Mn、Pb、Zn 等元素
肉眼观察	颜色	无色、白色，带黄色或褐色色调
	光泽	玻璃光泽至珍珠光泽
	透明度	半透明到不透明
	结构	晶质体或多晶质集合体。三方晶系。晶体习性：菱面体，常呈粒状、块状集合体。三组完全解理，集合体通常观察不到解理
放大检查	内、外部特征	解理，集合体常呈粒状结构
常规仪器测试	折射率	折射率（*RI*）：1.505～1.743；双折射率（*DR*）：0.179～0.184，ν^- 常为非均质集合体
	分光镜下的吸收光谱	无特征吸收光谱
	紫外荧光灯下的发光性	因颜色或成因而异
	比重（*SG*）	2.86～3.20
	硬度（*H*）	3～4
	特殊性质	遇盐酸起泡

实习项目 4.88　滑石的鉴定

鉴定项目		鉴定结果
成分		$Mg_3Si_4O_{10}(OH)_2$
肉眼观察	颜色	红色、黄色、绿色、褐色或者灰色
	光泽	蜡状光泽至油脂光泽
	透明度	微透明到不透明
	琢型	因为硬度低，通常为随形或者雕件
	结构	多晶质集合体，常呈致密块状集合体

（续表）

鉴定项目		鉴定结果
放大检查	内、外部特征	隐晶质至细粒状结构，致密块状构造，常含有脉状、斑块状杂质
常规仪器测试	折射率	折射率(*RI*)：1.540～1.590(＋0.010，－0.002)；双折射率(*DR*)：集合体不可测
	紫外荧光灯下的发光性	长波：无至弱，粉
	比重(*SG*)	2.75(＋0.05，－0.55)
	硬度(*H*)	1，指甲划得动，硬度会因为含有其他杂质矿物而有所增加
	特殊性质	手感滑腻
红外光谱		反射光谱可见 3 407 cm^{-1}、1 154 cm^{-1}、675 cm^{-1} 处典型吸收峰
紫外可见光谱		未见典型吸收
拉曼光谱		可见 1 007 cm^{-1} 处特征强吸收峰，还有 413 cm^{-1}、494 cm^{-1}、619 cm^{-1} 等处弱吸收峰
优化处理	染色处理	放大检查可见颜色分布不均匀，多在裂隙、粒隙间或表面凹陷处富集；经丙酮或无水乙醇等溶剂擦拭可掉色
	覆膜	放大检查可见表面光泽异常，局部可见薄膜脱落现象；*RI* 可见异常；红外光谱和拉曼光谱测试可见膜层特征峰

实习项目 4.89　硅硼钙石的鉴定

鉴定项目		鉴定结果
成分		$CaBSiO_4(OH)$
肉眼观察	颜色	无色、白、浅绿、浅黄、粉、紫、褐、灰等
	光泽	玻璃光泽
	透明度	不透明
	结构	晶质体或多晶质集合体。单斜晶系。晶体习性：短柱状、厚板状，常呈粒状、柱状、放射状、块状集合体
放大检查	内、外部特征	可观察到刻面棱重影，气液包裹体，集合体呈粒状或柱状结构
常规仪器测试	折射率	折射率(*RI*)：1.626～1.670(－0.004)；双折射率(*DR*)：0.044～0.046，B－，常呈非均质集合体

（续表）

鉴定项目		鉴定结果
常规仪器测试	紫外荧光灯下的发光性	短波：无至中，蓝色
	比重（*SG*）	2.95（±0.05）
	硬度（*H*）	5～6

实习项目 4.90　羟硅硼钙石的鉴定

鉴定项目		鉴定结果
成分		又名软硼钙石，$Ca_2B_5SiO_9(OH)_5$
肉眼观察	颜色	白、灰白色，常具深灰色和黑网脉
	光泽	玻璃光泽
	透明度	不透明
	结构	多晶质集合体，常呈致密块状集合体
放大检查	内、外部特征	深灰或黑色蛛网状脉，致密块状构造
常规仪器测试	折射率	折射率（*RI*）：1.586～1.605（±0.003），点测法通常为 1.59
	紫外荧光灯下的发光性	长波：褐黄色；短波：弱至中，橙色
	比重（*SG*）	2.58（－0.13）
	硬度（*H*）	3～4
红外光谱		中红外区具羟硅硼钙石特征红外吸收谱带
紫外可见光谱		不特征
优化处理	染色处理	常用来染色仿青金岩或者绿松石，放大检查可见颜色分布不均匀，多在裂隙、粒隙间或表面凹陷处富集；经丙酮或无水乙醇等溶剂擦拭可掉色

实习项目 4.91　赤铁矿的鉴定

鉴定项目		鉴定结果
成分		Fe_2O_3
肉眼观察	颜色	深银灰至黑色
	光泽	金属光泽
	透明度	不透明
	结构	多晶质集合体，常呈粒状、致密块状、鲕状、肾状集合体

（续表）

鉴定项目		鉴定结果
放大检查	内、外部特征	粒状结构，致密块状构造，外部可见锯齿状断口
常规仪器测试	折射率	折射率(*RI*)：2.940～3.220(－0.070)，负读数
	比重(*SG*)	5.20(＋0.08，－0.25)
	硬度(*H*)	5～6
	特殊性质	条痕及断口表面通常呈红褐色
红外光谱		反射光谱中，可见典型的 555 cm^{-1}、469 cm^{-1} 处吸收峰
紫外可见光谱		以 900 nm 为中心的宽吸收带及 250～350 nm 区域内较弱的一系列吸收峰
拉曼光谱		可见 225 cm^{-1}、292 cm^{-1}、410 cm^{-1}、497 cm^{-1}、611 cm^{-1}、1 321 cm^{-1} 处吸收峰

实习项目 4.92　水镁石的鉴定

鉴定项目		鉴定结果
成分		$Mg(OH)_2$
肉眼观察	颜色	白、灰、浅绿、黄、褐红等色
	光泽	玻璃光泽，解理面呈珍珠光泽
	透明度	微透明到不透明
	结构	多晶质集合体。常呈片状、板状或粒状集合体。解理：{0001}极完全解理，集合体通常观察不到解理
放大检查	内、外部特征	板状或粒状结构
常规仪器测试	折射率	折射率(*RI*)：点测法常为 1.57
	比重(*SG*)	2.38～3.40
	硬度(*H*)	2～3

实习项目 4.93　苏纪石的鉴定

鉴定项目		鉴定结果
成分		主要矿物为硅铁锂钠石，可含石英、针钠钙石、霓石、碱性角闪石、赤铁矿等。 硅铁锂钠石：$(K, Na)(Na, Fe)_2(Li, Fe)Si_{12}O_{30}$
肉眼观察	颜色	红紫、蓝紫色，少见粉红色
	光泽	蜡状光泽至玻璃光泽
	透明度	微透明到不透明
	结构	多晶质集合体，常为粒状集合体

（续表）

鉴定项目		鉴定结果
放大检查	内、外部特征	粒状结构，矿物包裹体
常规仪器测试	折射率	折射率(*RI*)：点测法常为1.61
	分光镜下的吸收光谱	以550 nm为中心强吸收带，411 nm，419 nm，437 nm，445 nm处可见锰和铁的吸收峰
	比重(*SG*)	2.74(+0.05)
	硬度(*H*)	5.5～6.5
红外光谱		红外反射光谱中，可见1 166 cm^{-1}、1 146 cm^{-1}、1 048 cm^{-1}、774 cm^{-1}、664 cm^{-1}、552 cm^{-1}、495 cm^{-1}、445 cm^{-1}处吸收峰，苏纪石中的石英部分显示900～1 200 cm^{-1}区域内Si—O伸缩振动，799 cm^{-1}、780 cm^{-1}附近Si—O对称伸缩振动
紫外可见光谱		可见以550 nm为中心强吸收带，417 nm处吸收线由铁和锰共同造成
拉曼光谱		可见133 cm^{-1}、149 cm^{-1}、335 cm^{-1}、477 cm^{-1}、1 005 cm^{-1}、1 140 cm^{-1}附近吸收峰，苏纪石中的石英部分，可见1 160 cm^{-1}(Si—O非对称伸缩振动)处吸收峰，200～300 cm^{-1}(硅氧四面体旋转振动或者平移振动)区域内吸收峰，464 cm^{-1}(石英中的Si—O对称弯曲振动)附近强且尖锐的拉曼峰
优化处理	染色处理	放大检查可见颜色分布不均匀，多在裂隙、粒隙间或表面凹陷处富集；长、短波紫外光下，染料可引起特殊荧光；经丙酮或无水乙醇等溶剂擦拭可掉色
	充填	放大检查可见充填部分表面光泽与主体玉石有差异，充填处可见气泡；长、短波紫外光下，充填部分荧光多与主体玉石有差异；红外光谱测试可见充填物特征红外吸收谱带；发光图像分析(如紫外荧光观察仪等)可观察充填物分布状态

实习项目4.94　异极矿的鉴定

鉴定项目		鉴定结果
成分		$Zn_4(H_2O)[Si_2O_7](OH)_2$，通常还含有Pb、Fe、Ca等
肉眼观察	颜色	无色或淡蓝色，也可呈白、灰、浅绿、浅黄、褐、棕等色
	光泽	玻璃光泽，解理面呈珍珠光泽
	透明度	微透明到不透明
	结构	晶质体或多晶质集合体。斜方晶系。晶体习性：常呈板状；集合体常呈板粒状，具放射状构造，有时也呈皮壳状、肾状、钟乳状以及土状等，{110}完全解理，{101}不完全解理；集合体通常观察不到解理
放大检查	内、外部特征	粒状结构，放射状构造
常规仪器测试	折射率	折射率(*RI*)：1.614～1.636；双折射率(*DR*)：0.022，集合体不可测，B+，常为非均质集合体
	比重(*SG*)	3.40～3.50
	硬度(*H*)	4～5

（续表）

鉴定项目	鉴定结果
红外光谱	反射光谱中，可见 1 093 cm^{-1}（Si—O—Si 反对称伸缩振动）、934 cm^{-1}、866 cm^{-1}（O—Si—O 对称伸缩振动）、608 cm^{-1}（Si—O—Si 对称伸缩振动）、540 cm^{-1}、450 cm^{-1}（Si—O 弯曲振动）处吸收峰
紫外可见光谱	无特征吸收光谱
拉曼光谱	可见 930 cm^{-1}（Si—O 对称伸缩振动）、684 cm^{-1}（Si—O—Si 对称伸缩振动）、400 cm^{-1} 以下（Zn—O 伸缩振动和晶格长程有序的外振动模式）、456 cm^{-1}、404 cm^{-1}（Si—O 弯曲振动）处吸收峰

实习项目 4.95　云母质玉的鉴定

鉴定项目		鉴定结果
成分		主要矿物为云母族矿物，化学成分：$X\{Y_{2\sim3}[Z_4O_{10}](OH)_2\}$ X：主要是 K，可为 Na、Ca、Ba、Rb、Cs； Y：主要是 Al、Fe、Mg，可为 Li、Cr、Zn 等； Z：主要是 Si、A1，可为 Fe、Cr。 锂云母：$K\{Li_{2-x}Al_{1+x}[Al_{2x}Si_{4-2x}O_{10}](OH,F)_2\}(x=0\sim0.5)$ 白云母：$KAl_2(AlSi_3O_{10})(OH)_2$
肉眼观察	颜色	锂云母：浅紫、玫瑰色、丁香紫色，有时为白色，含锰时呈桃红色。丁香紫色者又称丁香紫玉。 白云母：白、绿、黄、灰、红、褐等色
	光泽	玻璃光泽，解理面呈珍珠光泽
	透明度	微透明到不透明
	结构	多晶质集合体，常为片状或鳞片状集合体，{001}解理极完全，集合体通常观察不到解理
	特殊光学效应	猫眼效应（稀少）
放大检查	内、外部特征	片状或鳞片状结构，致密块状构造
常规仪器测试	折射率	折射率（RI）：锂云母，点测法常为 1.54～1.56；白云母，点测法常为 1.55～1.61
	比重（SG）	2.2～3.4
	硬度（H）	2～3
红外光谱		中红外指纹区具 Si-O 等基团振动所致的特征红外吸收谱带，官能团区具—OH 振动所致的特征红外吸收谱带
紫外可见光谱		无特征吸收光谱
优化处理	充填	放大检查可见充填部分表面光泽与主体玉石有差异，充填处可见气泡；长、短波紫外光下，充填部分荧光多与主体玉石有差异；红外光谱测试可见充填物特征红外吸收谱带；发光图像分析（如紫外荧光观察仪等）可观察充填物分布状态

（续表）

鉴定项目		鉴定结果
优化处理	覆膜	放大检查可见表面光泽异常，局部可见薄膜脱落现象；*RI* 可见异常；红外光谱和拉曼光谱测试可见膜层特征峰

实习项目 4.96　针钠钙石的鉴定

鉴定项目		鉴定结果
成分		$Na(Ca>0.5,\ Mn<0.5)_2[Si_3O_8(OH)]$
肉眼观察	颜色	无色、白、灰白至黄白、绿、蓝等，有时呈浅粉红色
	光泽	玻璃光泽或丝绢光泽
	透明度	微透明到不透明
	结构	晶质体或多晶质集合体。三斜晶系。晶体习性：常呈致密针状或纤维状集合体，有时呈放射状球粒集合体。{001}、{100}完全解理，集合体通常观察不到解理
放大检查	内、外部特征	针状或纤维状结构
常规仪器测试	折射率	折射率（*RI*）：1.599～1.628（+0.017，－0.004），点测法常为 1.60；双折射率（*DR*）：0.029～0.038，集合体不可测，B+
	紫外荧光灯下的发光性	无至中，绿黄至橙色，通常短波下荧光较强，可有磷光
	比重（*SG*）	2.81（+0.09，－0.07）
	硬度（*H*）	4.5～5
红外光谱		反射光谱中，可见 1 061 cm^{-1}、995 cm^{-1}、926 cm^{-1}（Si—O—Si 不对称伸缩振动），681 cm^{-1}、640 cm^{-1}、528 cm^{-1}（Si—O—Si 对称伸缩振动），474 cm^{-1}（Si—O—Si 弯曲振动）处吸收峰
紫外可见光谱		以 660 nm 为中心宽吸收带
拉曼光谱		1 025 cm^{-1}（Si—O 伸缩振动）、652 cm^{-1}（Si—O—Si 弯曲振动）处吸收峰

实习项目 4.97　绿泥石的鉴定

鉴定项目		鉴定结果
成分		$(Mg,\ Fe,\ Al)_3(OH)_2\{(Mg,\ Fe,\ Al)_3[(Si,\ Al)_4O_{10}](OH)_6\}$
肉眼观察	颜色	无色、灰白、浅黄、浅绿至深绿等色，颜色可随成分不同而变化
	光泽	玻璃光泽至土状光泽
	透明度	微透明到不透明
	结构	多晶质集合体，常为粒状、鳞片状集合体，致密块状构造

（续表）

鉴定项目		鉴定结果
放大检查	内、外部特征	无
常规仪器测试	折射率	折射率(RI)：1.572～1.685，点测法常为1.57
	比重(SG)	2.6～3.4
	硬度(H)	2～3
红外光谱		反射光谱中，1 035 cm^{-1}（Si—O对称伸缩振动）、476 cm^{-1}（Si—O弯曲振动）、651 cm^{-1}（Si—O—Si的弯曲振动）
紫外可见光谱		可见以873 nm为中心弱吸收带
拉曼光谱		绿泥石样品的白色和绿色部分都具有685 cm^{-1}、545 cm^{-1}、389 cm^{-1}、355 cm^{-1}、194 cm^{-1}处典型吸收峰
优化处理	染色处理	放大检查可见颜色分布不均匀，多在裂隙、粒隙间或表面凹陷处富集；长、短波紫外光下，染料可引起特殊荧光；成分分析仪器（如X射线荧光光谱分析仪等）能检测到染料中的外来元素（如Pb等）

3）图章石的鉴定

实习项目4.98　鸡血石的鉴定

鉴定项目		鉴定结果
成分		“血”主要矿物为辰砂；“地”主要矿物为迪开石、高岭石、叶蜡石、明矾石。化学成分：随组成矿物不同和比例而变化，其中辰砂为HgS
肉眼观察	颜色	由“血”和“地”两个部分组成。“血”呈鲜红、朱红、暗色等红色，由辰砂的颜色、含量、粒度及分布状态决定，氧化后会变黑。“地”常呈白、灰白、灰黄白、灰黄、褐黄等色
	光泽	油脂光泽或蜡状光泽
	透明度	微透明到不透明
	结构	多晶质集合体，常呈致密块状集合体
放大检查	内、外部特征	“血”呈微细粒或细粒状，成片或零星分布于“地”中；“地”呈隐晶质至细粒状结构，致密块状构造
常规仪器测试	折射率	折射率(RI)：点测法常为1.53～1.59
	比重(SG)	2.53～2.74
	硬度(H)	2.5～4
红外光谱		“地”为黏土矿物，在中红外指纹区具黏土矿物中Si—O等基团振动所致的特征红外吸收谱带，官能团区具OH^-振动所致的特征红外吸收谱带；“地”为明矾石，在中红外区具明矾石特征红外吸收谱带；辰砂在远红外区具特征红外吸收谱带
紫外可见光谱		不特征

（续表）

鉴定项目		鉴定结果
优化处理	充填	放大检查可见充填部分表面光泽与主体玉石有差异，充填处可见气泡；长、短波紫外光下，充填部分荧光多与主体玉石有差异；红外光谱测试可见充填物特征红外吸收谱带；发光图像分析（如紫外荧光观察仪等）可观察充填物分布状态
	染色处理	放大检查可见加入的辰砂粉末或红色染料与胶混合附着于样品表面以增加“血”色，可见“血”色浮于透明层中，红色染料颗粒无定形，光泽较辰砂弱；长、短波紫外光下，染料可引起特殊荧光；成分分析仪器（如 X 射线荧光光谱分析仪等）检测红色染料，多为 Hg 元素
	覆膜	放大检查可见表面光泽异常，局部可见薄膜脱落现象；*RI* 可见异常；红外光谱和拉曼光谱测试可见膜层特征峰。若膜中混有辰砂粉末或红色染料，鉴定特征同染色处理

实习项目 4.99　寿山石的鉴定

鉴定项目		鉴定结果
成分		主要矿物为迪开石、高岭石、珍珠陶土、伊利石、叶蜡石等。化学成分：随组成矿物不同和比例而变化，迪开石的化学成分为 $Al_4(Si_4O_{10})(OH)_8$
肉眼观察	颜色	黄、白、红、褐等。其中产于中坂田中的各种黄、红、白、黑色田坑石称为田黄
	光泽	油脂光泽或蜡状光泽
	透明度	微透明到不透明
	结构	多晶质集合体，常呈致密块状集合体
放大检查	内、外部特征	隐晶质至细粒状结构，致密块状构造，有时可见萝卜纹结构
常规仪器测试	折射率	折射率（*RI*）：点测法常为 1.56
	比重（*SG*）	2.5～2.9
	硬度（*H*）	2～3
红外光谱		中红外指纹区具黏土矿物中 Si—O 等基团振动所致的特征红外吸收谱带，官能团区具 OH^- 振动所致的特征红外吸收谱带
紫外可见光谱		不特征
优化处理	热处理	用烟熏、恒温加热或加化学试剂烧烤，将其表面为黑色或红色。颜色分布均匀完整，且仅在浅表面
	充填	放大检查可见充填部分表面光泽与主体玉石有差异，充填处可见气泡；长、短波紫外光下，充填部分荧光多与主体玉石有差异；红外光谱测试可见充填物特征红外吸收谱带；发光图像分析（如紫外荧光观察仪等）可观察充填物分布状态
	染色处理	放大检查可见颜色分布不均匀，多在裂隙、粒隙间或表面凹陷处富集；长、短波紫外光下，染料可引起特殊荧光；成分分析仪器（如 X 射线荧光光谱分析仪等）能检测到染料中的外来元素（如 Pb 等）

（续表）

鉴定项目		鉴定结果
优化处理	覆膜	放大检查可见表面光泽异常，局部可见薄膜脱落现象；*RI* 可见异常；红外光谱和拉曼光谱测试可见膜层特征峰

实习项目 4.100　青田石的鉴定

鉴定项目		鉴定结果
成分		主要矿物为叶蜡石、迪开石、高岭石、绢云母、伊利石等。化学成分：随组成矿物不同和比例而变化，叶蜡石的化学成分为 $Al_2(Si_4O_{16})(OH)_2$
肉眼观察	颜色	黄、白、青、绿、灰、黑、粉、褐等
	光泽	油脂光泽或蜡状光泽
	透明度	微透明到不透明
	结构	多晶质集合体，常呈致密块状
放大检查	内、外部特征	隐晶质至细粒状结构，致密块状构造，可含有蓝、白色等斑点
常规仪器测试	折射率	折射率（*RI*）：点测法常为 1.53～1.60
	比重（*SG*）	2.65～2.90
	硬度（*H*）	2～3
红外光谱		中红外指纹区具粘土矿物中 Si—O 等基团振动所致的特征红外吸收谱带，官能团区具 OH^- 振动所致的特征红外吸收谱带
紫外可见光谱		不特征
优化处理	充填	放大检查可见充填部分表面光泽与主体玉石有差异，充填处可见气泡；长、短波紫外光下，充填部分荧光多与主体玉石有差异；红外光谱测试可见充填物特征红外吸收谱带；发光图像分析（如紫外荧光观察仪等）可观察充填物分布状态
	染色处理	放大检查可见颜色分布不均匀，多在裂隙、粒隙间或表面凹陷处富集；长、短波紫外光下，染料可引起特殊荧光；成分分析仪器（如 X 射线荧光光谱分析仪等）能检测到染料中的外来元素（如 Pb 等）
	覆膜	放大检查可见表面光泽异常，局部可见薄膜脱落现象；*RI* 可见异常；红外光谱和拉曼光谱测试可见膜层特征峰

实习项目 4.101　巴林石的鉴定

鉴定项目	鉴定结果
成分	主要矿物为：迪开石、高岭石、珍珠陶土、叶蜡石等。化学成分：随组成矿物不同和比例而变化，迪开石的化学成分，$Al_4(Si_4O_{10})(OH)_8$

（续表）

鉴定项目		鉴定结果
肉眼观察	颜色	黄、白、红、褐等
	光泽	油脂光泽或蜡状光泽
	透明度	微透明到不透明
	结构	多晶质集合体，常呈致密块状集合体
放大检查	内、外部特征	隐晶质至细粒状结构，致密块状构造
常规仪器测试	折射率	折射率(*RI*)：点测法常为 1.56
	比重(*SG*)	2.4～2.7
	硬度(*H*)	2～4
红外光谱		中红外指纹区具粘土矿物中 Si-O 等基团振动所致的特征红外吸收谱带，官能团区具 OH 振动所致的特征红外吸收谱带
紫外可见光谱		不特征
优化处理	充填	放大检查可见充填部分表面光泽与主体玉石有差异，充填处可见气泡；长、短波紫外光下，充填部分荧光多与主体玉石有差异；红外光谱测试可见充填物特征红外吸收谱带；发光图像分析(如紫外荧光观察仪等)可观察充填物分布状态
	染色处理	放大检查可见颜色分布不均匀，多在裂隙、粒隙间或表面凹陷处富集；长、短波紫外光下，染料可引起特殊荧光；成分分析仪器(如 X 射线荧光光谱分析仪等)能检测到染料中的外来元素(如 Pb 等)
	覆膜	放大检查可见表面光泽异常，局部可见薄膜脱落现象；*RI* 可见异常；红外光谱和拉曼光谱测试可见膜层特征峰

实习项目 4.102　昌化石的鉴定

鉴定项目		鉴定结果
成分		主要矿物为迪开石等，可含有高岭石、珍珠陶土、黄铁矿和石英等。化学成分：随组成矿物和比例不同而变化，迪开石的化学成分：$Al_4(Si_4O_{10})(OH)_8$
肉眼观察	颜色	浅黄、白、灰、褐紫、黑等
	光泽	油脂光泽或蜡状光泽
	透明度	微透明到不透明
	结构	多晶质集合体，致密块状构造
放大检查	内、外部特征	隐晶质至细粒状结构，致密块状构造
常规仪器测试	折射率	单折射率(*RI*)：点测法常为 1.56
	比重(*SG*)	2.5～2.7
	硬度(*H*)	2～4

（续表）

鉴定项目		鉴定结果
红外光谱		中红外指纹区具粘土矿物中 Si—O 等基团振动所致的特征红外吸收谱带，官能团区具 OH 振动所致的特征红外吸收谱带
紫外可见光谱		不特征
优化处理	充填	放大检查可见充填部分表面光泽与主体玉石有差异，充填处可见气泡；长、短波紫外光下，充填部分荧光多与主体玉石有差异；红外光谱测试可见充填物特征红外吸收谱带；发光图像分析（如紫外荧光观察仪等）可观察充填物分布状态
	染色处理	放大检查可见颜色分布不均匀，多在裂隙、粒隙间或表面凹陷处富集；长、短波紫外光下，染料可引起特殊荧光；成分分析仪器（如 X 射线荧光光谱分析仪等）能检测到染料中的外来元素（如 Pb 等）
	覆膜	放大检查可见表面光泽异常，局部可见薄膜脱落现象；*RI* 可见异常；红外光谱和拉曼光谱测试可见膜层特征峰

4.3　常见有机宝石的鉴定

成因与生物体有关或者本身是生物体的一部分的宝石称为有机宝石。有机宝石成因涉及野生动物保护相关条例，使用时需要注意遵守相关法律法规。

1　实习目的和要求

(1) 熟练掌握常见有机宝石的鉴定特征；
(2) 熟练使用常规宝石鉴定仪器对有机宝石进行测试；
(3) 学会正确对测试结果进行解释并定名。

2　知识准备

有机宝石的鉴定特征和测试参数。

3　实习仪器

10 倍放大镜，镊子，宝石鉴定光源（钻石灯或者台灯），宝石擦拭布，显微镜，折射仪，分光镜，偏光镜，二色镜，查尔斯滤色镜，紫外荧光灯，比重天平及配套部件，计算器，偏光镜。

4 实习内容

（1）正确观察和测试待测宝石标本；

（2）利用图示描述观察和测试的结果，给出正确结论。

5 实习项目

实习项目 4.103　琥珀的鉴定

鉴定项目		鉴定结果
成分		主要组成元素为 C、H、O，可含 S、Al、Mg、Ca、Si、Cu、Fe、Mn 等微量元素
肉眼观察	颜色	体色主要为深浅不同的黄色调，包括浅黄至蜜黄色，后期由于氧化作用可以呈现红色、棕色甚至黑色，此外还可以因为荧光效应而呈现蓝色、绿色。还可以因为含有不同的包裹体而呈现褐色、黑色和白色
	断口	贝壳状，韧性差，外力撞击容易破碎
	透明度	透明到微透明、半透明
	光泽	未加工的原料为树脂光泽，有滑腻感，抛光后呈树脂光泽至近玻璃光泽
	琢型	弧面形、珠子、雕件、随形
放大检查	内、外部特征	气泡，流动纹，点状包裹体，片状裂纹，矿物包裹体，动、植物包裹体（或碎片），其他有机和无机包裹体，净化琥珀可能含有的通常裂隙，称为太阳光芒
常见品种		蜜蜡：半透明至不透明的琥珀； 血珀：棕红至红色透明的琥珀； 金珀：黄色至金黄色透明的琥珀； 绿珀：浅绿至绿色透明的琥珀，较稀少； 蓝珀：透视观察琥珀体色为黄、棕黄、黄绿和棕红等色，自然光下呈现独特的不同色调的蓝色，紫外光下更明显； 虫珀：包含有昆虫或其他生物的琥珀； 植物珀：包含有植物（如花、叶、根、茎、种子等）的琥珀
常规仪器测试	偏光效应	正交偏光镜下全消光，常见由应力产生的异常消光和干涉色，局部因结晶而发亮
	折射率	折射率（*RI*）约 1.540，有时稍有变化，最低 1.539，最高 1.545，点测法常为 1.54。琥珀受热或长时间放置在空气中，表面因氧化而颜色变深，同时 *RI* 值也会变大
	紫外荧光灯下的发光性	长波：弱到强，多数琥珀发浅蓝白色及浅黄色、浅绿色、黄绿色至橙黄色荧光；短波：荧光不明显。有些产地的琥珀在太阳光下可发出蓝、紫或绿色荧光，在白天也能观察到
	比重（*SG*）	1.08（+0.02，−0.12），掂重很轻，在饱和的盐溶液中可浮起
	硬度（*H*）	2～2.5，用小刀可以轻易刻划，甚至指甲可以刻划
其他测试	可切性	性脆，刀刃下易崩块
	导电性	摩擦时可带电，能吸附小纸片。许多较逼真的仿琥珀制品也具有这种性质

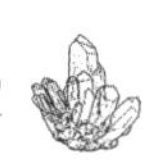

（续表）

鉴定项目		鉴定结果
其他测试	溶解性	易溶于硫酸和热硝酸中，部分溶解于汽油、乙醇和松节油中
	特殊性质	热针接触可熔化，有芳香味；摩擦可带电
优化处理	热处理	可加压处理，加深琥珀表面颜色，或使琥珀内部产生片状炸裂纹，通常称为睡莲叶或太阳光芒，或使琥珀的透明度发生变化
	烘烤	背面一般作烤红或是烤黑处理使琥珀成为绿色。天然琥珀目前没有体色是绿色的。肉眼或是放大镜下能见到龟裂纹
	压制琥珀	加热到 200℃使琥珀变软，然后挤压在一起。通常为半透明到不透明，也可完全透明；极淡的黄色到极深的褐色。明显边界的不同净度的区域；流动构造，一些清澈的小片沿一定方向排列在云状基质中；明显的羽毛状样式；沿流动方向拉长的气泡；正交偏光下显示异常干涉色现象
	染色处理	染成绿色或者褐色，放大检查可见颜色分布不均匀，多在裂隙间或表面凹陷处富集；长、短波紫外光下，染料可引起特殊荧光；经丙酮或无水乙醇等溶剂擦拭可掉色
	覆膜	放大检查可见表面光泽异常，覆有色膜者颜色分布不均匀，多在裂隙间或表面凹陷处富集；局部可见薄膜脱落现象，有色膜层与主体琥珀之间无颜色过渡；*RI* 可见异常；红外光谱和拉曼光谱测试可见膜层特征吸收峰
	充填	放大检查可见充填部分表面光泽与主体宝石有差异，充填处可见气泡；长、短波紫外光下，充填部分荧光多与主体宝石有差异；红外光谱测试可见充填物特征红外吸收谱带；发光图像分析（如紫外荧光观察仪等）可观察充填物分布状态
	加温加压改色处理	多次加温加压处理，可使琥珀颜色发生变化，呈绿色或其他少见的颜色
	辐照处理	经辐照可变为橙红等色，不易检测
常见仿制品	塑料	大多数塑料的 *SG* 高于琥珀，在饱和的盐水溶液中下沉；热针探测（危险）或者摩擦可闻到刺鼻的气味
	柯巴树脂	比琥珀年轻的树脂。物理化学性质相似，常为浅金黄色；易开裂，在乙醇和乙醚中易溶解（破坏性测试）；摩擦会产生松香味（味道的浓度随品种和产地而异），加热到 150℃熔化。有些柯巴树脂（婆罗洲）用手搓有黏感
红外光谱		反射光谱中，可见 2 931 cm^{-1}、2 862 cm^{-1}（饱和 C—H 键伸缩振动）、1 736 cm^{-1}（酯中 C=O 伸缩振动）、1 697 cm^{-1}（羧酸的羧基振动）、1 454 cm^{-1}、1 373 cm^{-1}（饱和 C—H 键弯曲振动）、1 161 cm^{-1}（C—O 伸缩振动）、888 cm^{-1}（=C—H 面外弯曲振动）附近吸收峰。 热处理琥珀的 1 695 cm^{-1} 与 1 734 cm^{-1} 处的吸收峰逐渐合并，且峰形变得尖锐陡峭，887 cm^{-1} 处弱吸收峰消失； 覆膜琥珀可见 2 937 cm^{-1}、1 728 cm^{-1} 处强吸收峰，且 762 cm^{-1} 和 700 cm^{-1} 处同时出现两个吸收峰（可能与膜有关）；或者可见 1 728 cm^{-1}、1 540 cm^{-1}、1 267 cm^{-1}、1 130 cm^{-1}、1 070 cm^{-1}、742 cm^{-1} 附近吸收峰（醇酸树脂）； 压制琥珀与天然琥珀近似，但 1 695 cm^{-1} 与 1 734 cm^{-1} 处的吸收峰逐渐合并； 再造琥珀与天然琥珀近似；

（续表）

鉴定项目	鉴定结果
红外光谱	柯巴树脂与天然琥珀近似，但由于成熟度低于天然琥珀，可见 3 074 cm^{-1}、1 643 cm^{-1}、889 cm^{-1} 附近组合吸收峰； 环氧树脂仿琥珀可见 2 962 cm^{-1}、2 933 cm^{-1}、2 862 cm^{-1} 处吸收峰 醇酸树脂仿琥珀可见 3 027 cm^{-1}、1 731 cm^{-1}、1 600 cm^{-1}、1 454 cm^{-1}、1 280 cm^{-1}、1 126 cm^{-1}、1 068 cm^{-1}、744 cm^{-1}、702 cm^{-1} 附近吸收峰
紫外可见光谱	无特征吸收光谱
拉曼光谱	天然琥珀、压制琥珀、再造琥珀具有相似的吸收峰，具体如下：3 080 cm^{-1}、2 930 cm^{-1}、2 871 cm^{-1}、1 734 cm^{-1}、1 645(1 759)cm^{-1}、1 450 cm^{-1}、1 356 cm^{-1}、1 298 cm^{-1}、1 205 cm^{-1}、880～980 cm^{-1}、800～950 cm^{-1}、550 cm^{-1} 以下，天然琥珀拉曼光谱中的 $N(I_{1\ 645\ cm-1}/I_{1\ 450\ cm-1})$比值约为 0.818，显示琥珀具有较高的化石成熟度，据此可以辅助区分琥珀和柯巴树脂。环氧树脂仿琥珀可见 3 066 cm^{-1}、1 186 cm^{-1}、1 608 cm^{-1}、1 112 cm^{-1} 等处吸收峰

实习项目 4.104　珊瑚的鉴定

鉴定项目		鉴定结果
成分		钙质珊瑚：主要由无机成分（$CaCO_3$）和有机成分等组成；角质珊瑚：几乎全部由有机成分组成
形状		一般呈树枝状
肉眼观察	颜色	钙质型珊瑚常呈红色、粉红色、橙色、白色和蓝色；角质型珊瑚为黑、金黄、黄褐色
	光泽	蜡状光泽到玻璃光泽，不透明
	光泽	玻璃光泽到蜡状光泽
	琢型	珠子、弧面形、雕件、随形
放大检查	内、外部特征	钙质珊瑚：无机成分为多晶质集合体，有机成分为非晶质体；角质珊瑚：非晶质体。 钙质型珊瑚：横截面上可见放射状、同心圆状结构；纵切面上可见平行波状条纹，波状构造。 角质型珊瑚：环绕原生枝管轴的同心环结构，与树木年轮相似。 金黄色珊瑚：显示独特的丘疹状外观
常规仪器测试	折射率	慎用，钙质珊瑚点测法常为 1.48～1.66；角质珊瑚点测法常为 1.56～1.57（±0.01）
	紫外荧光灯下的发光性	钙质珊瑚：白色珊瑚呈无至强的蓝白色荧光，浅（粉、橙）红至红色珊瑚呈无至橙（粉）红色荧光，深红色珊瑚呈无至暗（紫）红色荧光
	比重（SG）	钙质型品种 2.65（±0.05）；角质型品种 1.35（+0.77，−0.05）
	硬度（*H*）	钙质型品种 3～4.5；角质型品种 2～3
其他测试		钙质型珊瑚易被酸溶蚀；角质珊瑚遇盐酸无反应，角质型珊瑚加热后产生蛋白质烧焦后的气味

（续表）

鉴定项目		鉴定结果
红外光谱		红外反射光谱无法区分红珊瑚和染色红珊瑚，均可见 1 492 cm^{-1} 附近吸收峰（C—O 对称伸缩振动），883 cm^{-1} 附近吸收峰（Ca—O）
紫外可见光谱		红珊瑚可见 312 nm 附近吸收带及 450～550 nm 区域内宽吸收带；染色红珊瑚在 312 nm 处基本无吸收，在 400～570 nm 区域内显示宽吸收带
拉曼光谱		红珊瑚与染色珊瑚均可见 1 085 cm^{-1}、712 cm^{-1}、282 cm^{-1} 附近吸收峰（方解石），在 1 000～1 600 cm^{-1} 区域内，红珊瑚可见 1 517 cm^{-1}（C═C 双键伸缩振动）、1 129 cm^{-1}（C—C 单键振动）附近吸收峰（染色红珊瑚没有），天然红珊瑚还可见 1 298 cm^{-1}、1 018 cm^{-1} 处微弱谱峰（脂肪族 C—C 伸缩振动引起）
优化处理	染色处理	通常染成红色。放大检查可见颜色分布不均匀，多在裂隙、粒隙间或表面凹陷处富集；长、短波紫外光下，染料可引起特殊荧光；经丙酮或无水乙醇等溶剂擦拭可掉色；拉曼光谱和紫外可见光谱测试粉红色钙质珊瑚与染色珊瑚有差异
	漂白	去除表层杂质，以改善颜色和外观，不易检测
	覆膜	放大检查可见表面光泽异常，局部可见薄膜脱落现象；*RI* 可见异常；红外光谱和拉曼光谱测试可见膜层特征峰
	充填	珊瑚往往通过注胶或者注蜡的方式掩盖表面的虫洞或者裂隙。放大检查可见充填部分表面光泽与主体宝石有差异，充填处可见气泡；长波紫外光下充填部分荧光多与主体宝石有差异；红外光谱测试可见充填物特征红外吸收谱带；发光图像分析（如紫外荧光观察仪等）可观察充填物分布状态

实习项目 4.105　天然珍珠的鉴定

鉴定项目		鉴定结果
成分		无机成分：$CaCO_3$，文石为主，少量方解石。海水天然珍珠含较多的 Sr、S、Na、Mg 等微量元素，Mn 等微量元素相对较少；而淡水天然珍珠中 Mn 等微量元素相对富集，Sr、S、Na、Mg 等相对较少。 有机成分：蛋白质等有机质，主要元素为 C、H、O、N。 结晶状态：无机成分，斜方晶系（文石），三方晶系（方解石），呈放射状集合体。 有机成分：非晶质体。 核心：微生物或生物碎屑、砂粒、病灶
肉眼观察	形状	多为异形珠子
	颜色	无色至浅黄、粉红、浅绿、浅蓝、黑等
	光泽	珍珠光泽
	透明度	微透明
放大检查	内、外部特征	放射同心层状结构，表面生长纹理
常规仪器测试	折射率	慎用，点测法为 1.53～1.68，常为 1.53～1.56
	紫外荧光灯下的发光性	黑色：长波弱至中，红、橙红。 其他颜色：无至强，浅蓝、黄、绿、粉红等

（续表）

鉴定项目		鉴定结果
常规仪器测试	比重(*SG*)	天然海水珍珠:2.61～2.85;天然淡水珍珠:2.66～2.78,很少超过2.74
	硬度(*H*)	2.5～4.5
特殊性质		遇酸起泡;过热燃烧变褐色;表面磨擦有砂感
X射线检测		观察珍珠的内部结构,是目前主要的检测天然珍珠的测试方法
优化处理	漂白	去除珍珠层表层杂质,以改善颜色和外观,不易检测
	染色处理	放大检查可见色斑,颜色多在生长缺陷处富集;长、短波紫外光下,染料可引起特殊荧光;拉曼光谱、紫外可见光谱和激光光致发光光谱测试可能与天然珍珠有差异;成分分析仪器(如X射线荧光光谱分析仪等)能检测到染料中的外来元素(如Ag等)

实习项目4.106　养殖珍珠的鉴定

鉴定项目		鉴定结果
成分		无机成分:$CaCO_3$,文石为主,方解石、少量球文石。海水珍珠含较多的Sr、S、Na、Mg等微量元素,Mn等微量元素相对较少;而淡水珍珠中Mn等微量元素相对富集,Sr、S、Na、Mg等相对较少。 有机成分:蛋白质等有机质,主要元素为C、H、O、N。 核心:无核珍珠核心为贝、蚌的外套膜;有核珍珠核心常为珠母贝壳。 结晶状态:无机成分为斜方晶系(文石),三方晶系(方解石),呈放射状集合体;有机成分为非晶质体
肉眼观察	形状	天然珍珠形状多不规则;养殖珍珠以圆形为主,还可见异形珠子,极少见刻面形
	颜色	分为体色和伴色。体色又可细分为白色系列(纯白色、奶白色、银白色和磁白色);红色系列(粉红色、浅玫瑰色、浅紫红色);黄色系列(前黄色、米黄色、金黄色和橙黄色);黑色系列(黑色、蓝黑色、灰黑色、褐黑色、紫黑色、棕黑色、铁灰色)和其他系列(紫色、褐色、青色、蓝色、棕色、紫红色、绿黄色、浅蓝色、绿色、古铜色)。伴色有白色、粉红色、玫瑰色、银白色和绿色。常伴有晕彩
	光泽	珍珠光泽。通常海水珍珠的光泽强于淡水珍珠
放大检查	内、外部特征	有核养殖珍珠呈现围绕珠核的同心环状结构;无核养殖珍珠呈现围绕一个不规则空洞的同心环状结构。附壳珍珠一面具表面生长纹理,另一面具层状结构。表面可见不规则条纹。X线检查或者衍射可以准确鉴定
常规仪器测试	折射率	慎用,点测法为1.53～1.68,常为1.53～1.56
	紫外荧光灯下的发光性	无至强,浅蓝、黄、绿、粉红色
	比重(*SG*)	海水养殖珍珠:2.72～2.78。淡水养殖珍珠:低于大多数天然淡水珍珠
	硬度(*H*)	2.5～4
特殊性质		遇酸起泡;表面摩擦有砂感

（续表）

鉴定项目		鉴定结果
红外光谱		反射光谱中可见1 484 cm^{-1}（$[CO_3]^{2-}$不对称伸缩振动）附近吸收峰，偶尔可见1 504 cm^{-1}（推测含有球文石）处吸收峰，879 cm^{-1}（$[CO_3]^{2-}$的O—C—O面外弯曲振动）附近红吸收峰，709 cm^{-1}、698 cm^{-1}（$[CO_3]^{2-}$的O—C—O面内弯曲振动）附近吸收峰
紫外可见光谱		海水珍珠、淡水珍珠和优化处理珍珠的紫外可见光谱中均可见280 nm附近吸收峰（与有机质成分相关）； 黑色海水珍珠可见404 nm、495 nm、701 nm附近吸收峰，而Ag盐染色或者辐照处理的黑色珍珠一般缺失这三处吸收峰； 金色海水珍珠常见360 nm附近吸收峰，金色染色珍珠除了356 nm处吸收峰外，主要可见424 nm附近吸收峰（与人工染色剂有关）； 紫色淡水珍珠在500 nm处可见宽吸收带； 咖啡色染色珍珠主要可见以480 nm为中心的宽吸收带
拉曼光谱		白色海水珍珠可见1 085 cm^{-1}（文石的$[CO_3]^{2-}$伸缩振动）处吸收峰，704 cm^{-1}处应用双峰（$[CO_3]^{2-}$的面内弯曲振动），272 cm^{-1}及波长更短的拉曼峰归属于文石的晶格振动； 黑色海水珍珠可见1 085 cm^{-1}（文石的$[CO_3]^{2-}$伸缩振动）处吸收峰； 金色海水珍珠可见1 085 cm^{-1}（文石的$[CO_3]^{2-}$伸缩振动）处吸收峰，704 cm^{-1}处应用双峰（$[CO_3]^{2-}$的面内弯曲振动），273 cm^{-1}及波长更短的拉曼峰归属于文石的晶格振动； 白色淡水珍珠可见1 084 cm^{-1}（文石的$[CO_3]^{2-}$伸缩振动），700 cm^{-1}、704 cm^{-1}处应用双峰（$[CO_3]^{2-}$的面内弯曲振动），272 cm^{-1}及波数更短的拉曼峰归属于文石的晶格振动； 紫色淡水珍珠可见1 084 cm^{-1}（文石的$[CO_3]^{2-}$伸缩振动）处吸收峰，700 cm^{-1}、704 cm^{-1}处应用双峰（$[CO_3]^{2-}$的面内弯曲振动），272 cm^{-1}及波长更短的拉曼峰归属于文石的晶格振动；1 125 cm^{-1}、1 509 cm^{-1}附近拉曼峰分别归属于多烯化合物的C—C和C=C伸缩振动，2 000～3 200 cm^{-1}区域内为有机质的拉曼峰
X射线荧光光谱		海水珍珠的Sr/Ca明显高于淡水珍珠，可作为区分证据，另外淡水珍珠通常含有明显的Mn元素，可作为判断的辅助证据。拼合珍珠（马贝珠）是在海水的环境中养殖的，因而具有和海水珍珠相近的元素组合
优化处理	染色	放大检查可见色斑，颜色多在生长缺陷处富集；长、短波紫外光下，染料可引起特殊荧光；拉曼光谱测试有色淡水珍珠与染色珍珠有差异。紫外可见光谱和激光光致发光光谱测试有色海水珍珠与染色珍珠有差异；成分分析仪器（如X射线荧光光谱分析仪等）能检测到染料中的外来元素（如Ag等）；发光图像分析（如紫外荧光观察仪等）染色黄色海水珍珠的荧光色与未经处理样品有差异
	漂白	去除养殖珍珠层表层杂质，以改善颜色和外观，不易检测
	辐照处理	珍珠经辐照可呈黑、绿黑、蓝黑、灰等色，放大检查可见珍珠质层有辐照晕斑，拉曼光谱多具有强荧光背景

实习项目 4.107　海螺珍珠的鉴定

鉴定项目		鉴定结果
成分		无机成分:$CaCO_3$,文石为主。有机成分:蛋白质等有机质,主要元素为 C、H、O、N。 结晶状态:无机成分为斜方晶系(文石),文石微板片与有机质纹层交互生长;有机成分:非晶质体。 核心:微生物或生物碎屑、砂粒、病灶
肉眼观察	形状	多为异形珠子
	颜色	粉红至紫红、黄、棕、白等
	光泽	珍珠光泽至玻璃光泽
	透明度	微透明
放大检查	内、外部特征	火焰状纹理。不具有珍珠层
常规仪器测试	折射率	点测法为 1.51～1.68,常为 1.53
	分光镜下的吸收光谱	红至粉红色:520 nm 附近吸收带
	紫外荧光灯下的发光性	红至粉红色:长波,弱至中,粉红、橙红、黄色荧光
	比重(SG)	2.85(+0.02,−0.04),棕色常为 2.18～2.77
	硬度(H)	3.5～4.5
特殊性质		遇 5%盐酸起泡;长期暴露于阳光下会褪色
品种	海螺珍珠	又称孔克珠,特指由加勒比海的大凤螺(Queen Conch,也叫女王螺)产出的,带有独特的各种粉色调和迷人的火焰纹的珍珠
	美乐珠	黄色、橙色和褐色为主,另外一种海螺产的珍珠,分布的区域比较多,东南亚沿海至我国东南沿海都有产出,根据外表的观感,我国一般称其为“椰壳螺”或“木瓜螺”。这种珍珠也有相对比较粗的纹路,但没有大凤螺海螺珠那种如丝光般柔顺光滑的火焰纹
	大蛤珠	大蛤珠(Clam Pearl)是砗磲产出的珍珠,和美乐珠海螺珠的产地相似,白色,半透明,带有漂亮火焰纹
	骏马螺珠	骏马螺(Horse Conch)也会偶尔产出珍珠,但这种珍珠颜色往往是以褐色夹杂其他的颜色如紫色为主,光泽普遍暗,稀有度很高,但是不够漂亮,所以在研究上的意义会大于珠宝方面的意义
	鲍鱼珍珠	鲍鱼壳中产出的珍珠,具有珍珠光泽,通常形状不规则
优化处理	染色处理	最新研究发现海螺珍珠也有染色处理,可以通过放大观察、紫外荧光观察染剂的分布,光致发光光谱观察染剂的光谱

实习项目 4.108 煤精的鉴定

鉴定项目		鉴定结果
成分		主要元素为C,可含H、O
肉眼观察	颜色	黑,褐黑色,亦称为煤精黑色
	光泽	蜡状光泽、树脂光泽,抛光表面为玻璃光泽
	透明度	微透明到不透明
	琢型	多为随形或者雕件
放大检查	内、外部特征	非晶质的块体,具有平坦或贝壳状断口,条带状构造,有时可见木纹
常规仪器测试	折射率	点测法常为1.66(±0.02),但只能获得一个模糊的读数
	比重(*SG*)	1.32(±0.02)
	硬度(*H*)	2～4
特殊性质		可燃烧,热针接触或烧后有煤烟味;摩擦带电;性脆,刀切会产生缺口和粉末,粉末、条痕呈褐色
红外光谱		反射光谱中,可见2 918 cm^{-1}、2 848 cm^{-1}、1 464 cm^{-1}处吸收峰
紫外可见光谱		无特征吸收光谱
拉曼光谱		1 330 cm^{-1}附近为D峰(C原子晶格缺陷),1 605 cm^{-1}附近为G峰(C原子sp^2杂化的面内伸缩振动)

实习项目 4.109 玳瑁的鉴定

鉴定项目		鉴定结果
成分		蛋白质等有机质,主要元素为C、H、O、N
肉眼观察	颜色	底色为黄褐色,其上可有暗褐色、黑色或绿色斑点,有时为黑色或白色
	光泽	油脂光泽至蜡状光泽,微透明
	透明度	半透明到微透明
	琢型	片状
放大检查	内、外部特征	晶质体,色斑由许多圆形色素小点组成,色点越密集颜色越深
常规仪器测试	折射率	慎用,点测法常为1.54～1.55
	紫外荧光灯下的发光性	无荧光,黄色斑点部分可显示蓝白色荧光
	比重(*SG*)	1.29(+0.06,−0.03)
	硬度(*H*)	2～3
特殊性质		硝酸能溶,不与盐酸反应;热针接触可熔化,有类似头发烧焦的气味;加热可变软

（续表）

鉴定项目	鉴定结果
红外光谱	反射光谱中，可见3 273 cm^{-1}（N—H伸缩振动），2 964 cm^{-1}、2 933 cm^{-1}（C—H反对称伸缩振动），2 862 cm^{-1}（C—H对称伸缩振动），1 645 cm^{-1}（C=O伸缩振动），1 541 cm^{-1}、1 516 cm^{-1}（N—H弯曲振动），1 448 cm^{-1}（C—H弯曲振动），1 238 cm^{-1}（C—N伸缩振动）处吸收峰
紫外可见光谱	仅见450 nm附近弱吸收峰
拉曼光谱	无特征吸收光谱

实习项目4.110　象牙的鉴定

鉴定项目		鉴定结果
成分		主要组成为羟基磷酸钙和胶原蛋白
肉眼观察	形状	一般呈牛角状，微弯或弯曲成半圆形（非洲象）。其中一半长度为中空的，横截面为圆形或者椭圆形
	颜色	白或带黄色调。半透明到不透明。可染成各种颜色
	光泽	油脂光泽至蜡状光泽
	透明度	微透明到不透明
	琢型	珠子或者雕件
放大检查	内、外部特征	结晶状态：无机成分为隐晶质集合体，有机成分为非晶质体。 勒兹线是象牙特有的构造：在横切面上可见两组交叉类似于旋转引擎的纹理；在纵切面上，可看到很多细的平行波状线。猛犸象牙也有类似结构，但勒兹线的夹角和象牙有区别
常规仪器测试	折射率	慎用，1.53～1.54，但只能获得一个近似的读数
	紫外荧光灯下的发光性	弱至强，蓝白或紫蓝色荧光
	比重（SG）	1.70～2.00
	硬度（H）	2～3
特殊性质		硝酸、磷酸能使其变软，加热后会收缩；遇酸会软化，时间过长会溶解，软化后可用刀削成长片
红外光谱		反射光谱中，可见胶原蛋白酰胺键具有三个特征吸收峰，1 660 cm^{-1}（酰胺键C—O伸缩振动），1 554 cm^{-1}（酰胺键C—H伸缩振动与N—H面内弯曲振动），1 241 cm^{-1}（酰胺键C—N伸缩振动与N—H面内弯曲振动）。1 456 cm^{-1}（C—H弯曲振动）处吸收峰。羟基磷酸钙可显示1 057 cm^{-1}（$(PO_4)^{3-}$反对称伸缩振动）处吸收峰
紫外可见光谱		234 nm、275 nm附近吸收峰（与有机物有关）
拉曼光谱		961 cm^{-1}附近吸收峰

（续表）

鉴定项目		鉴定结果
优化处理	漂白	使其颜色变浅或去除斑点。稳定，不易检测
	充填	常以象牙粉末混合树脂或单纯树脂充填裂隙，放大检查可见充填部分表面光泽与主体宝石有差异，充填处可见气泡；长、短波紫外光下，充填部分荧光多与主体宝石有差异；红外光谱测试可见充填物特征红外吸收谱带
	染色处理	放大检查可见颜色分布不均匀，多在裂隙间或生长缺陷处富集；长、短波紫外光下，染料可引起特殊荧光；经丙酮或无水乙醇等溶剂擦拭可掉色

实习项目 4.111　猛犸象牙的鉴定

鉴定项目		鉴定结果
成分		主要组成为羟基磷酸钙和胶原蛋白，随石化程度增强，胶原蛋白逐渐减少
肉眼观察	形状	一般呈牛角状，微弯或弯曲成半圆形。其中一半长度为中空的，横切向为面或浑圆形。相比象牙，猛犸象牙一般比较大，且弯曲弧度更大
	颜色	浅黄白至浅黄、棕褐，牙皮常呈棕黄至棕褐、褐蓝色
	光泽	油脂光泽至蜡状光泽，风化程度高的可呈土状光泽
	透明度	微透明到不透明
	琢型	珠子或者雕件
放大检查	内、外部特征	无机成分为隐多晶质集合体，有机成分为非晶质体。波状纹理，引擎纹状纹理，两组牙纹指向牙心的最大夹角通常小于 100°；水印（表面颜色深浅变化斑驳分布的现象）；风化表皮
常规仪器测试	折射率	慎用，折射率（*RI*）：点测法常为 1.52～1.54
	紫外荧光灯下的发光性	弱至强，蓝白或紫蓝色荧光
	比重（*SG*）	1.69～1.81
	硬度（*H*）	2～3。随石化程度增强，莫氏硬度逐渐增加
特殊性质		硝酸、磷酸能使其变软
优化处理	漂白	使其颜色变浅或去除杂色。稳定，不易检测
	充填	常以猛犸象牙粉末混合树脂或单纯树脂充填裂隙，放大检查可见充填部分表面光泽与主体宝石有差异，充填处可见气泡；长、短波紫外光下，充填部分荧光多与主体宝石有差异；红外光谱测试可见充填物特征红外吸收谱带
	染色处理	放大检查可见颜色分布不均匀，多在裂隙间或生长缺陷处富集；长、短波紫外光下，染料可引起特殊荧光；经丙酮或无水乙醇等溶剂擦拭可掉色

实习项目 4.112　贝壳的鉴定

鉴定项目		鉴定结果
成分		无机成分：$CaCO_3$，文石、方解石为主；有机成分：蛋白质等有机质，主要元素为 C、H、O、N
肉眼观察	颜色	贝壳有各种尺寸、形状，颜色有白、灰、黑、棕、黄、粉等。鲍贝壳有蓝、绿和粉红色的强晕彩
	光泽	油脂光泽至珍珠光泽
	透明度	微透明到不透明
	琢型	弧面、珠子或者雕件
放大检查	内、外部特征	无机成分：斜方晶系（文石），三方晶系（方解石），呈放射状集合体。 大海螺和盔贝具层状构造，特别适合于加工成浮雕大海螺具粉红色和白色的层，有时可见火焰状结构；而盔贝则具褐色和白色的层。纹路方向逐层有变化，相邻层中的纹路相互垂交
常规仪器测试	折射率	慎用，点测法常为 1.53～1.68
	紫外荧光灯下的发光性	因颜色或贝壳种类而异
	比重（*SG*）	2.86（+0.03，−0.16）
	硬度（*H*）	3～4
特殊性质		遇酸气泡（破坏性测试）
红外光谱		反射光谱中，可见 1 483 cm^{-1}（$[CO_3]^{2-}$不对称伸缩振动），877 cm^{-1}（$[CO_3]^{2-}$的 O—C—O 面外弯曲振动），712 cm^{-1}、698 cm^{-1}（$[CO_3]^{2-}$ 的 O—C—O 面内弯曲振动）附近的吸收峰
紫外可见光谱		可见 280 nm 附近吸收峰（可能源自有机质成分），黑色贝壳可见 404 nm、495 nm、701 nm 附近吸收峰
拉曼光谱		可见 1 083 cm^{-1}（$[CO_3]^{2-}$ 的 C—O 对称伸缩振动）处吸收峰，705 cm^{-1}、702 cm^{-1}（$[CO_3]^{2-}$ 的面内弯曲振动）处双峰，2 713 cm^{-1}（晶格振动）处吸收峰
优化处理	覆膜	放大检查可见表面光泽异常，局部可见薄膜脱落；*RI* 可见异常；红外光谱和拉曼光谱测试可见膜层特征峰
	染色处理	放大检查可见颜色分布不均匀，多在裂隙、隙间或生长缺陷处富集；长、短波紫外光下，染料可引起特殊荧光；经丙酮或无水乙醇等溶剂擦拭可掉色；拉曼光谱测试部分有色贝壳与染色贝壳有差异

实习报告记录(样例013)

样品编号:013

观察要点、测试结果和结论。

颜色:钨丝灯下为暗紫红色,日光下为暗蓝色,具有变色效应

光泽:亮玻璃光泽

透明度:透明

尺寸:0.9 cm×0.5 cm

重量:3.20 ct

琢型:椭圆刻面形

放大检查:10倍放大镜下可见弯曲生长线,维尔纳叶合成宝石的特征

常规仪器测试。

偏光效应:正交偏光镜下转动360°可见四次明暗交替出现,一个角度可见围绕着彩色同心圆环的黑"十"字干涉图——光学各向异性一轴晶

折射率:转动一周,可见两条阴影边界,读数较大的不移动,U−

RI:1.762～1.770

DR:0.008

多色性:明显的二色性,蓝色和绿色

滤色片下的显色:亮红色

分光镜下的吸收光谱:红区双线,黄绿区普遍吸收,蓝区双线,铬元素致色

紫外荧光灯下的发光性:长波下为亮红色,短波下惰性

光谱图示:请注明所用分光镜的类型为棱镜式或衍射光栅式,并标明光谱的红区和紫区

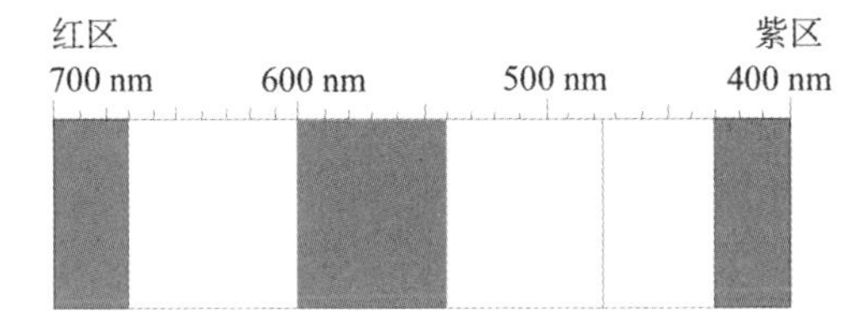

图示

穿过彩色同心圆环的黑"十"字

弯曲生长线

可能的结论:合成变色蓝宝石,刚玉

实习报告记录

样品编号:

观察要点、测试结果和结论

光谱图示:请注明所用分光镜的类型为棱镜式或衍射光栅式,并标明光谱的红区和紫区

图示

（续表）

可能的结论：	

附录 1 常见宝玉石的鉴定参数表*

宝石	英文名称	*RI*	*DR*	光性	*H*	*SG*	色散值
欧泊	Opal	1.37～1.47	～	I	5～6	2.15±	～
萤石	Fluorite	1.434±	～	I	4	3.18±	0.007
方钠石	Sodalite	1.483±	～	I	5～6	2.60～2.74	
方解石族	Calcite	1.486～1.658	0.172	U−	3	2.7±	
青金岩	Lapis lazuli	1.50±	～	I	5～6	2.75±	
天然玻璃	Natural glass	1.470～1.700	～	I	5～6	2.36～2.40	～
人造玻璃	Paste	1.50～1.70	～	I	5～6	2.30～4.5	0.009～0.098
长石族	Felderspar	1.52～1.57	0.004～0.009	B+/−	6～6.5	2.56～2.75	0.012
多晶质石英	Quartzite	1.53～1.55	～	～	6.5～7	2.64～2.71	～
象牙	Ivory	1.54±	～	～	2～3	1.70～2.00	～
琥珀	Amber	1.54±	～	I	2～2.5	1.08±	～
晶质石英	Crystal	1.544～1.553	0.009±	U+	7	2.66±	0.013
方柱石	Scoplite	1.550～1.564	0.004～0.037	U−	6～6.5	2.60～2.74	0.017
堇青石	Iolite	1.542～1.551	0.008～0.012	B+/−	7～7.5	2.61±	0.017
贝壳	Bell	1.530～1.685	～	～	3～4	2.86±	～
蛇纹石玉	Bowenite	1.56±	～	～	2.5～6	2.57±	～
绿柱石族	Beryl	1.577～1.583	0.005～0.009	U−	7.5～8	2.72±	0.014
菱锰矿	Rhodochrosite	1.597～1.817	0.220	U−	3～5	3.6±	～
托帕石	Topaz	1.619～1.627	0.008～0.010	B+	8	3.53±	0.014
软玉	Nephrite	1.62±	～	～	6～6.5	2.95±	～
绿松石	Turquoise	1.61±	～	B+	5～6	2.75±	～
电气石	Tourmaline	1.624～1.644	0.018～0.040	U−	7～8	3.06±	0.017
葡萄石	Prehnite	1.63±	～	B+	6～6.5	2.80～2.95	～

（续表）

宝石	英文名称	*RI*	*DR*	光性	*H*	*SG*	色散值
红柱石	Andalusite	1.634～1.643	0.007～0.013	B—	7～7.5	3.17±	0.016
磷灰石	Apatite	1.634～1.638	0.002～0.008	U—	5～5.5	3.18±	0.013
硅铍石	Phenakite	1.654～1.670	0.016±	U+	7～8	2.95±	0.015
橄榄石	Peridot	1.654～1.690	0.035～0.038	B+/—	6.5～7	3.34±	0.020
翡翠	Jadeite	1.66±	～	～	6.5～7	3.34±	～
煤玉	Jet	1.66±	～	～	2～4	1.32±	～
锂辉石	Spodumene	1.660～1.676	0.014～0.016	B+	6.5～7	3.18±	0.017
透辉石	Diopside	1.675～1.701	0.024～0.030	B+	5.5～6.5	3.29±	0.017
硼铝镁石	Sinhalite	1.668～1.707	0.036～0.039	B—	6～7	3.48±	0.017
坦桑石	Tanzanite	1.691～1.700	0.008～0.013	B+	6～7	3.35±	0.021
符山石	Idocrase	1.713～1.718	0.001～0.012	U+/—	6～7	3.4±	0.019
蓝晶石	Kyanite	1.716～1.731	0.012～0.017	B—	4～5 6～7	3.68±	0.020
石榴石	Garnet	1.718～1.940	～	I	7～8	3.50～4.30	～
水钙铝榴石	Hydro～grossular	1.72±	～	I	7	3.47±	～
尖晶石	Spinel	1.718	～	I	8	3.6±	0.020
维尔纳叶法合成尖晶石	Synthentic spinel	1.72～1.73	～	I	8	3.61～3.67	0.020
钙铝榴石	Grossularite	1.73～1.75	～	I	7.25	3.4～3.8	0.028
蔷薇辉石	Rodonite	1.73	～	B+	5.5～6.5	3.5±	～
金绿宝石	Chrysoberyl	1.746～1.755	0.008～0.010	B+	8～8.5	3.73±	0.015
镁铝榴石	Pyrope	1.74～1.76	～	I	7.25	3.7～3.8	0.022
刚玉族	corundum	1.762～1.770	0.008～0.010	U—	9	4±	0.018
铁铝榴石	Almandite	1.76～1.81	～	I	7.25	3.8～4.2	0.024
锆石	Zircon	1.810～1.984	0.001～0.059	U—	6～7.5	3.90～4.73	0.038
锰铝榴石	Spessatite	1.79～1.82	～	I	7.25	4.1～4.2	0.027
YAG	YAG	1.833±	～	I	8	4.50～4.60	0.028
GGG	GGG	1.970±		I	6～7	7.05±	0.045
榍石	Sphene	1.900～2.034	0.100～0.135	B+	5～5.5	3.52±	0.051
孔雀石	Malachite	1.655～1.909	～	～	3.5～4	3.95±	～

（续表）

宝石	英文名称	*RI*	*DR*	光性	*H*	*SG*	色散值
翠榴石	Demantoid	1.89±	～	I	6.25	3.8±	0.057
立方氧化锆	Cubic zirconia	2.15±	～	I	8.5	5.8±	0.060
钻石	Diamond	2.417±	～	I	10	3.52±	0.044
钛酸锶	Strontium titanate	2.409±	～	I	5～6	5.13±	0.190
合成金红石	Sythentic rutile	2.616～2.903	0 287±	U+	6～7	4.26±	0.330
合成莫桑石	Synthetic mossanite	2.648～2.691	0.043±	U+	9.25	3.22±	0.104

*（数据引自：张蓓莉. 系统宝石学[M]. 北京：地质出版社，2006.）

附录 2　常见宝石的特征光谱

左边是光栅式分光镜；右边是棱镜式分光镜

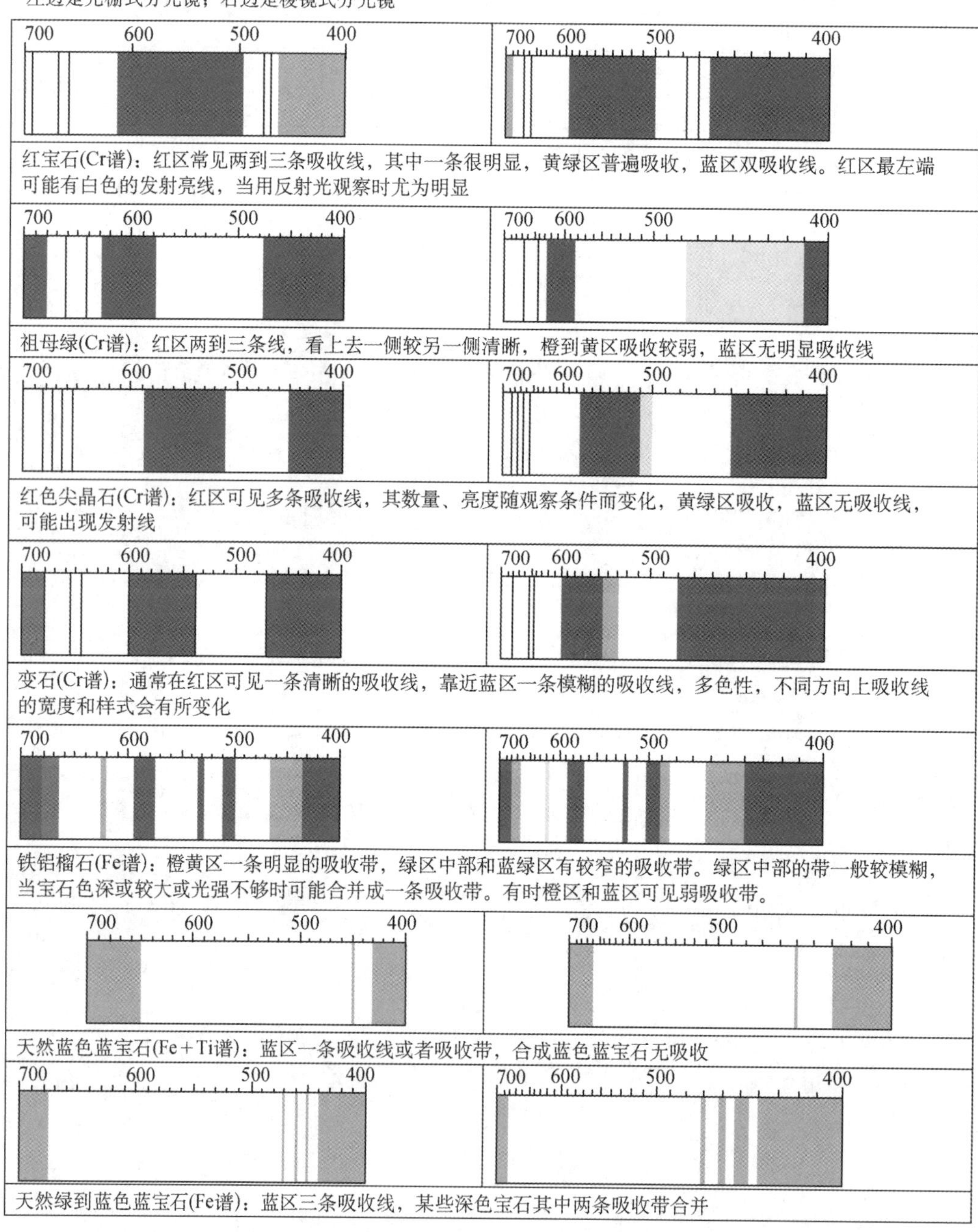

红宝石(Cr谱)：红区常见两到三条吸收线，其中一条很明显，黄绿区普遍吸收，蓝区双吸收线。红区最左端可能有白色的发射亮线，当用反射光观察时尤为明显

祖母绿(Cr谱)：红区两到三条线，看上去一侧较另一侧清晰，橙到黄区吸收较弱，蓝区无明显吸收线

红色尖晶石(Cr谱)：红区可见多条吸收线，其数量、亮度随观察条件而变化，黄绿区吸收，蓝区无吸收线，可能出现发射线

变石(Cr谱)：通常在红区可见一条清晰的吸收线，靠近蓝区一条模糊的吸收线，多色性，不同方向上吸收线的宽度和样式会有所变化

铁铝榴石(Fe谱)：橙黄区一条明显的吸收带，绿区中部和蓝绿区有较窄的吸收带。绿区中部的带一般较模糊，当宝石色深或较大或光强不够时可能合并成一条吸收带。有时橙区和蓝区可见弱吸收带。

天然蓝色蓝宝石(Fe+Ti谱)：蓝区一条吸收线或者吸收带，合成蓝色蓝宝石无吸收

天然绿到蓝色蓝宝石(Fe谱)：蓝区三条吸收线，某些深色宝石其中两条吸收带合并

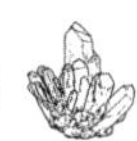

（续表）

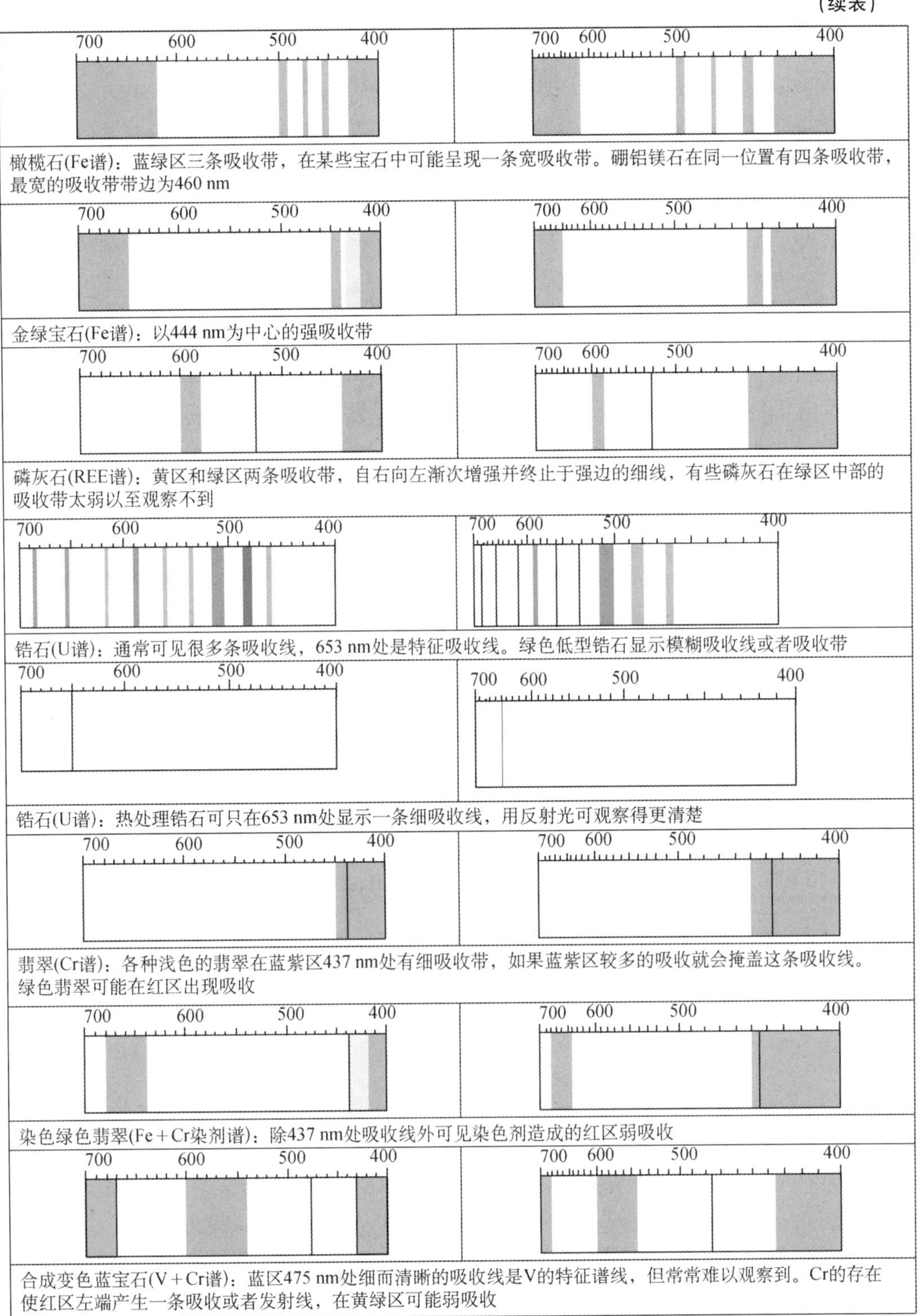

橄榄石(Fe谱)：蓝绿区三条吸收带，在某些宝石中可能呈现一条宽吸收带。硼铝镁石在同一位置有四条吸收带，最宽的吸收带带边为460 nm

金绿宝石(Fe谱)：以444 nm为中心的强吸收带

磷灰石(REE谱)：黄区和绿区两条吸收带，自右向左渐次增强并终止于强边的细线，有些磷灰石在绿区中部的吸收带太弱以至观察不到

锆石(U谱)：通常可见很多条吸收线，653 nm处是特征吸收线。绿色低型锆石显示模糊吸收线或者吸收带

锆石(U谱)：热处理锆石可只在653 nm处显示一条细吸收线，用反射光可观察得更清楚

翡翠(Cr谱)：各种浅色的翡翠在蓝紫区437 nm处有细吸收带，如果蓝紫区较多的吸收就会掩盖这条吸收线。绿色翡翠可能在红区出现吸收

染色绿色翡翠(Fe+Cr染剂谱)：除437 nm处吸收线外可见染色剂造成的红区弱吸收

合成变色蓝宝石(V+Cr谱)：蓝区475 nm处细而清晰的吸收线是V的特征谱线，但常常难以观察到。Cr的存在使红区左端产生一条吸收或者发射线，在黄绿区可能弱吸收

（续表）

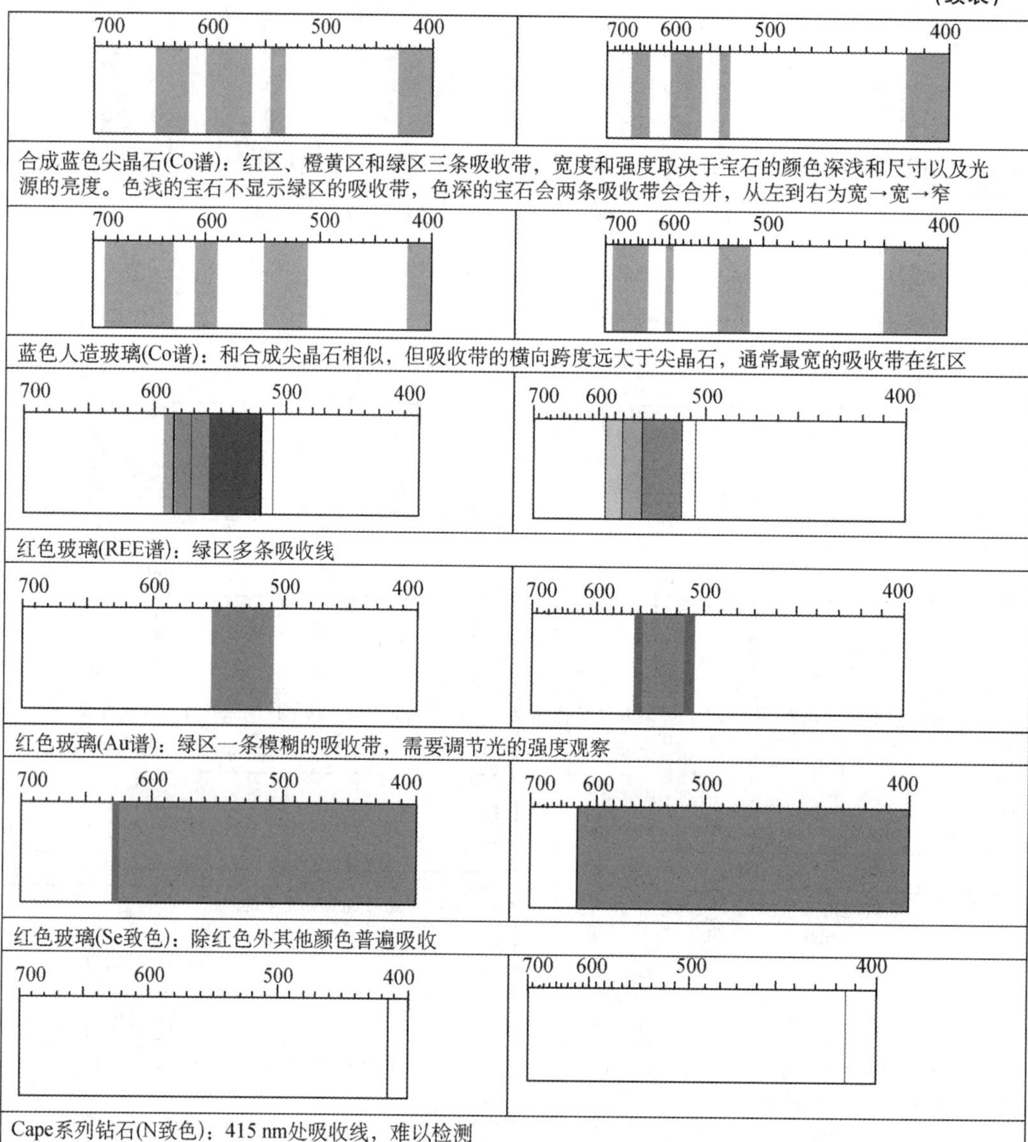

合成蓝色尖晶石(Co谱)：红区、橙黄区和绿区三条吸收带，宽度和强度取决于宝石的颜色深浅和尺寸以及光源的亮度。色浅的宝石不显示绿区的吸收带，色深的宝石会两条吸收带会合并，从左到右为宽→宽→窄

蓝色人造玻璃(Co谱)：和合成尖晶石相似，但吸收带的横向跨度远大于尖晶石，通常最宽的吸收带在红区

红色玻璃(REE谱)：绿区多条吸收线

红色玻璃(Au谱)：绿区一条模糊的吸收带，需要调节光的强度观察

红色玻璃(Se致色)：除红色外其他颜色普遍吸收

Cape系列钻石(N致色)：415 nm处吸收线，难以检测

附录3　线上资源

本教材配套的课程"宝石鉴定与评价"已完成网课建设，并入选国家高等教育高教平台。

网课地址：

1. 智慧树

(1) 登录网站：https://coursehome.zhihuishu.com/courseHome/1000009349#teachTeam；

(2) 下载"知到App"注册学习。

2. 国家高等教育智慧教育平台

https://higher.smartedu.cn/course/6260b19bf29a9e60d0f2618f

本教材配套的虚拟仿真实验项目正在建设中，项目完成后链接将放在智慧树网站课程中。

参 考 文 献

[1] Aaron C. Palke, Sudarat Saeseaw, Nathan D. Renfro, et al. Geographic Origin Determination of Blue Sapphire[J]. Gems & Gemology, 2019, 55(04): 536-579.

[2] Aaron Palke. Zircon with Unusual Color-Change Behavior[J]. Gems & Gemology, 2021, 57(03): 266-267.

[3] Amy Cooper, Aaron C. Palke. Rare Intense Purplish Pink Montana Sapphire[J]. Gems & Gemology, 2020, 56(04): 522-523.

[4] Amy Cooper, Nathan Renfro. Rare Faceted Wurtzite[J]. Gems & Gemology, 2014, 50(02): 156.

[5] Amy Cooper. Transparent Rhodonite with Clarity Enhancement [J]. Gems & Gemology, 2021, 57(02): 154.

[6] E. Billie Hughes. Star Spinel with Four and Six Rays[J]. Gems & Gemology, 2018, 54(02): 230.

[7] Makoto Miura, Yusuke Katsurada. Cat's-Eye Opal[J]. Gems & Gemology, 2021, 57(01): 57-58.

[8] Mari Sasaki, Makoto Miura, Kazuko Saruwatari. Pink Euclase [J]. Gems & Gemology, 2021, 57(04): 375-376.

[9] Montira Seneewong-Na-Ayutthaya, Wassana Chongraktrakul, Tasnara Sripoonjan. Gemological Characterization of Peridot from Pyaung-Gaung in Mogok, Myanmar [J]. Gems & Gemology, 2021, 57(04): 318-337.

[10] Nathan D. Renfro, John I. Koivula, Jonathan Muyal, et al. Chart: Inclusions in Natural, Synthetic, and Treated Sapphire[J]. Gems & Gemology, 2017, 53(02): 213-214.

[11] Nicole Ahline. Star Rhodochrosite[J]. Gems & Gemology, 2021, 57(4): 378.

[12] Seriwat Saminpanya. Thai-Myanmar Petrified Woods[J]. Gems & Gemology, 2015, 51(03): 337-339.

[13] Shu-Hong Lin, Yu-Ho Li, Huei-Fen Chen. Pink Aventurine Quartz with Alurgite Inclusions[J]. Gems & Gemology, 2021, 57(03): 282-283.

[14] Sudarat Saeseaw, Charuwan Khowpong. The Effect of Low-Temperature Heat Treatment of Pink Sapphires[J]. Gems & Gemology, 2019, 55(02): 290-291.

[15] Sudarat Saeseaw, Nathan D. Renfro, Aaron C. Palke, et al. Geographic Origin

Determination of Emerald[J]. Gems & Gemology, 2019, 55(4): 614-646.

[16] Wasura Soonthorntantikul, Sudarat Saeseaw, Aaron Palke, et al. FTIR Observation on Sapphires Treated with Heat and Pressure[J]. Gems & Gemology, 2021, 57(03): 283-286.

[17] Wim Vertriest, Simon Bruce-Lockhart. Twelve-Rayed Star Sapphire from Thailand[J]. Gems & Gemology, 2018, 54(02): 238.

[18] 曹盼，康亚楠，祖恩东. 天然祖母绿和水热法合成祖母绿的拉曼光谱分析[J]. 光散射学报，2016，28(01):42-44.

[19] 曹盼，祖恩东. 天然变石和提拉法合成变石的红外-拉曼光谱分析[J]. 矿物岩石，2016，36(01):8-11.

[20] 陈超洋，黄伟志，邵天，等. 特殊变色蓝宝石的紫外-可见光光谱研究[J]. 光谱学与光谱分析，2019，39(08):2470-2473.

[21] 陈思明，谭红琳，祖恩东，等. 缅甸抹谷 Baw-mar 矿区蓝宝石的热处理及谱学研究[J]. 岩石矿物学杂志，2022，41(04):857-864.

[22] 方菲，狄敬如，徐娅芬. 澳大利亚蓝色蓝宝石的内含物特征[J]. 宝石和宝石学杂志(中英文)，2021，23(05):25-35.

[23] 高寒. 阿富汗祖母绿的宝石学及产地特征研究[D]. 石家庄:河北地质大学，2019.

[24] 郭鸿舒，余晓艳. 巴基斯坦祖母绿的红外光谱和包裹体特征研究[J]. 岩石矿物学杂志，2019，38(05):724-732.

[25] 郭恺鹏，周征宇，钟倩，等. 缅甸与莫桑比克红宝石的元素含量及紫外可见光谱学特征对比研究[J]. 岩石矿物学杂志，2018，37(06):1002-1010.

[26] 韩博. 阿富汗努力斯坦紫锂辉石的光谱学分析及其颜色优化研究[D]. 武汉:中国地质大学，2021.

[27] 韩浩宇. 巴基斯坦斯瓦特祖母绿的宝石矿物学特征研究[D]. 北京:中国地质大学，2018.

[28] 姜雪，余晓艳，郭碧君，等. 云南麻栗坡祖母绿的矿物包裹体特征研究[J]. 岩石矿物学杂志，2019，38(02):279-286.

[29] 李德惠. 晶体光学[M]. 2 版. 北京:地质出版社，2004.

[30] 李盈青. “达碧兹”红宝石和蓝宝石的宝石学特征研究[D]. 北京:中国地质大学，2016.

[31] 廖宗廷. 宝石学概论[M]. 上海:同济大学出版社，2009.

[32] 刘嘉. 碧玺的宝石学特征及其内部包裹体研究[D]. 成都:成都理工大学，2017.

[33] 罗彬，喻云峰，廖佳. 珠宝玉石无损检测光谱库及解析[M]. 武汉:中国地质大学出版社，2019.

[34] 任慧珍，李立平. 埃塞俄比亚欧泊的成分特征分析[J]. 宝石和宝石学杂志，2015，17(04):23-28.

[35] 汪嘉伟，汤红云，韩刚，等. 辐照处理托帕石光谱学分析和放射性检测[J]. 上海计量测试，2021，48(06):30-32.

[36] 向子涵，尹作为，郑晓华. 铅玻璃充填红宝石充填量的特征研究[J]. 光谱学与光谱分析，2019，39(04):1274-1279.

[37] 叶慧娟. 坦桑石的宝石矿物学特征分析研究[D]. 北京:中国地质大学, 2020.
[38] 于佳琪. 不同成因类型钻石的发光性特征分析[D]. 北京:中国地质大学, 2021.
[39] 翟少华, 裴景成, 黄伟志. 缅甸曼辛尖晶石中的橙黄色包裹体研究[J]. 宝石和宝石学杂志(中英文), 2019, 21(06):24-30.
[40] 张蓓莉. 系统宝石学[M]. 北京:地质出版社, 2006.
[41] 张雨阳, 陈美华, 叶爽, 等. 三维荧光光谱在蓝宝石成因及产地指示作用中的研究——以斯里兰卡和老挝蓝宝石为例[J]. 光谱学与光谱分析, 2022, 42(05):1508-1513.
[42] 中国国家标准化管理委员会, 中华人民共和国国家质量监督检验检疫总局. 珠宝玉石名称:GB/T 16552—2017[Z]. 2017-10-14.
[43] 中国国家标准化管理委员会, 中华人民共和国国家质量监督检验检疫总局. 珠宝玉石鉴定:GB/T 16553—2017[Z]. 2017-12-01.
[44] 中国国家标准化管理委员会, 中华人民共和国国家质量监督检验检疫总局. 蓝宝石分级:GB/T 32862—2016[Z]. 2016-12-01.
[45] 中国国家标准化管理委员会, 中华人民共和国国家质量监督检验检疫总局. 红宝石分级:GB/T 32863—2016[S]. 2016-12-01.
[46] 周佩玲. 有机宝石学[M]. 武汉:中国地质大学出版社, 2004.